张晨 编著

LILIANG
JINJU

中国纺织出版社有限公司

内 容 提 要

　　中国古典文学有无数经典之作，也有无数脍炙人口的经典名句，它们或表达凌云壮志、鸿鹄之志，或表达勇于拼搏、绝不放弃，或表达不畏强权、坚持原则，或表达勤奋好学、自强不息。在文字里，我们看到的是古代文人"为天地立心，为生民立命，为往圣继绝学，为万世开太平"的抱负和志向，收获的是能够享用一生的隐形力量。让文字传递先贤思想，让文字传承民族精神，让文字给你力量，让文字给你慰藉。

图书在版编目（CIP）数据

力量金句 / 张晨编著 . -- 北京 : 中国纺织出版社有限公司, 2025.5. -- ISBN 978-7-5229-2761-9

Ⅰ . B848.4-49

中国国家版本馆 CIP 数据核字第 20250XQ855 号

责任编辑：李 杨　　责任校对：王花妮　　责任印制：储志伟

中国纺织出版社有限公司出版发行
地址：北京市朝阳区百子湾东里 A407 号楼　邮政编码：100124
销售电话：010—67004422　传真：010—87155801
http://www.c-textilep.com
中国纺织出版社天猫旗舰店
官方微博 http://weibo.com/2119887771
山东博雅彩印有限公司印刷　各地新华书店经销
2025 年 5 月第 1 版第 1 次印刷
开本：710×1000　1/16　印张：8
字数：85 千字　定价：59.80 元

凡购本书，如有缺页、倒页、脱页，由本社图书营销中心调换

序言

　　文字，是有力量的，能够在最失意的时候，让人类汲取先人的智慧，获得无穷的力量。

　　文字，是有温度的，能够让我们在世俗烦扰中获得片刻的安宁，洗去心灵的尘埃，重新踏上征途。

　　文字，是有深度的，能够穿越时空，直抵我们的内心世界。

　　文字，是有广度的，能够借景言情，成为世人口口相传的名言。

　　中文，无疑是最美的，它能够描绘场景，也能够抒发情绪，能用最短的文字表达出最细腻、最真挚、最深厚的情感，也能够成为无形的力量源泉。

　　穿越千年，它们仍然激励着一代又一代中国人。

　　那些经典语句，无论是唐诗，还是宋词，无论是诗经，还是古典文学，都有无数金句。

　　去读吧。

　　当我们遇到坎坷时，通过古人的智慧找寻力量的来源。

当我们心灰意冷时，通过文字，借鉴过来人的经验。

当我们被感情所伤时，不妨去文字的世界里，治疗心灵的忧伤，寻找新的力量。

文字的好处，说也说不完，文字的力量，让无数中国人都曾经获取了无穷的能量，故而，翻阅此书，就等同于用文字给自己打了强心针，能够寻回勇气，继续面对生活中的风风雨雨。

张晨

2025 年 2 月

第一章　鸿鹄之志 …………………………… 001

第二章　不畏权贵 …………………………… 011

第三章　砥砺前行 …………………………… 023

第四章　勇于拼搏 …………………………… 037

第五章　勤奋持久 …………………………… 049

第六章　自强不息 …………………………… 067

第七章　心灵寄托 …………………………… 081

第八章　内心强大 …………………………… 099

后　记 ……………………………………… 121

第一章

鸿鹄之志

力量金句

好风凭借力，送我上青云。　　　　　——曹雪芹《临江仙·柳絮》

表达 书面意思是愿借东风的力量，把我送上碧蓝的云天！在《红楼梦》中，本句出现在大观园最后一次诗会中，彼时贾府日渐衰败，作者借由诗句表达了惋惜、哀叹之情。

燕雀安知鸿鹄之志。　　　　　　　——司马迁《史记·陈涉世家》

表达 书面意思是燕雀怎么能知道鸿鹄的志向呢？此处作者想表达的意思是陈胜和吴广看到秦朝末年的乱象，心中有伟大志向却不被人理解的苦闷。

男儿何不带吴钩，收取关山五十州。——李贺《南园十三首·其五》

表达 书面意思是男子汉大丈夫为什么不腰带武器，去收复黄河南北被割据的关塞河山五十州呢？此处作者想表达的是男子汉大丈夫，需要志在四方，尤其是当国家遇到危险的时候，更应该在战场上建功立业。

少年心事当拏云，谁念幽寒坐呜呃。　　　——李贺《致酒行》

表达 书面意思是少年人应当有凌云壮志，谁会怜惜你困顿独处、唉声叹气呢？此处作者想表达的意思是少年人不应自叹自怜，更应该为了远大的志向而去拼搏。

时人不识凌云木，直待凌云始道高。　　　——杜荀鹤《小松》

表达 书面意思是世上的人不认识这是将来可以高入云霄的树木，一直等到它已经高入云霄了，才认识到它的伟岸。此处作者想表达的是自己的才能还没有得到他人的认可，需要努力做到高耸入云，让他人都不能忽视。

我欲穿花寻路，直入白云深处，浩气展虹霓。

——黄庭坚《水调歌头·游览》

表达 书面意思是我想要穿过花丛寻找出路，一直走到了白云的深处，在彩虹之巅展现浩气。此处作者想表达的是穿越重重诱惑，完成梦想的决心。

长安少年游侠客，夜上戍楼看太白。 ——王维《陇头吟》

表达 书面意思是长安城仗义轻生的少年侠客，夜里登上戍楼遥望太白星的兵气。此处作者想表达的是年轻人心中有着跃跃欲试、想要建立边功的壮志豪情。

大鹏一日同风起，扶摇直上九万里。 ——李白《上李邕》

表达 书面意思为大鹏总有一天会乘风飞起，凭借风力直上九霄云外。诗人借此"大鹏"来表达自己的凌云壮志。

抚剑夜吟啸，雄心日千里。 ——李白《赠张相镐·其二》

表达 意思是在夜晚抚摸着剑吟咏长啸，胸中的雄心壮志如同千里之遥。作者借由此句强调了内心深处的豪情壮志和对远大抱负的追求。

身既死兮神以灵，魂魄毅兮为鬼雄。 ——屈原《九歌·国殇》

表达 书面意思是人虽死但神灵终究不泯，魂魄刚毅不愧鬼中英雄！作者借此来歌颂那些为了祖国捐躯的将领们，也表达了自己渴望以身殉国的忠诚。

力量金句

位卑未敢忘忧国，事定犹须待阖棺。　　——陆游《病起书怀》

[表达] 书面意思为职位低微却从未敢忘记忧虑国事，至于事情的结果如何，恐怕还要等到死后盖棺才能定论。作者借由此句表达了自己热爱祖国的情怀，和"天下兴亡，匹夫有责"同义。

穷且益坚，不坠青云之志。　　——王勃《滕王阁序》

[表达] 书面意思是境遇虽然困苦，但节操应当更加坚定，决不能抛弃自己的凌云壮志。作者借此表达了自己对梦想的坚定和坚守。

腹中贮书一万卷，不肯低头在草莽。　　——李颀《送陈章甫》

[表达] 书面意思是你胸藏诗书万卷、学问深广，怎么能够低头埋没在草莽间呢？作者的朋友因为仕途不顺而灰心丧气，但作者认为不应这样，鼓励朋友不要被眼前的挫折给击垮。

为天地立心，为生民立命，为往圣继绝学，为万世开太平。

——张载《横渠语录》

[表达] 这四句是中国古代哲人对国家、社会、百姓、文化几大方面的总结概括，站在宏观的、大格局的角度，思考人对于各个层面应承担的重任。

休言女子非英物，夜夜龙泉壁上鸣。

——秋瑾《鹧鸪天·祖国沉沦感不禁》

[表达] 书面意思为人们休要说女子不能成为英雄，连我那挂在墙上的宝剑，也不甘于雌伏鞘中，而夜夜在鞘中作龙吟。作者借由此句表达了"谁

说女子不如男"的豪情壮志。

人生自古谁无死？留取丹心照汗青。　　——文天祥《过零丁洋》

表达 书面意思是自古以来，人终不免一死，倘若能为国尽忠，死后仍可光照千秋，青史留名。此句诗是民族英雄文天祥忠心赤胆的真实写照。

须知少日擎云志，曾许人间第一流。　　——吴庆坻《题三十计小象》

表达 书面意思是少年时就立下上揽云霄之志，曾许诺要做人世间第一流人物。诗人想要表达的是自己想要在文学上有所建树的决心。

江山代有才人出，各领风骚数百年。　　——赵翼《论诗五首·其二》

表达 书面意思是历史上每一朝代都会有有才华的人出现，各自开创一代新风，领导诗坛几百年。诗人借由此句表达自己也想成为"才人"，心中有壮志，渴望名留青史。

江东子弟多才俊，卷土重来未可知。　　——杜牧《题乌江亭》

表达 书面意思是江东子弟大多是才能出众的人，若能重整旗鼓卷土杀回，楚汉相争，谁输谁赢还很难下定论。作者用此句来表达对过去勇敢抵抗命运的人的崇拜之情。

他日卧龙终得雨，今朝放鹤且冲天。

——刘禹锡《刑部白侍郎谢病长告，改宾客分司，以诗赠别》

表达 书面意思是总有一天，卧薪尝胆的龙终会遇到自己想求的雨，今日将白鹤放出笼子，就让它展翅直冲云霄。作者借由此句表达对朋友最真挚的祝福，希望他能在仕途上有所建树。

力量金句

青云浩荡非难遇，天遣奇才独晚成。——曾棨《送胡直方下第南归》

表达 书面意思是世间青云之路虽然广阔，但并非人人都能轻易踏上，上天特意将非凡之才留待晚年成就，这便是大器晚成的真谛。作者借由此句激励友人，不要放弃梦想。

此兴若未谐，此心终不歇。——孟郊《咏怀》

表达 书面意思是如果这个心愿没有实现，那么这个心愿会被始终放在心里，不会就此放下。作者用词句表达自己对梦想的执着，不愿放弃凌云之志。

壮心感此孤剑鸣，沉火在灰殊未灭。——吕温《道州月叹》

表达 书面意思是有雄心壮志的人在听到孤剑的声响时，内心的火焰虽然被埋在灰烬之中，但仍然没有熄灭，依然在燃烧着。作者借由此句表达了有坚定意志的人即使遭受了打击和失败，也不会轻易放弃，而是会始终保持着拼搏和奋斗，坚守自己的信念。

老骥伏枥，志在千里；烈士暮年，壮心不已。——曹操《龟虽寿》

表达 年老的千里马虽然伏在马槽旁，心里的愿望仍然是驰骋千里；充满雄心壮志的人即便到了晚年，那颗奋发思进的心也永不止息。

幸甚至哉，歌以咏志。——曹操《观沧海》

表达 书面意思是真是庆幸呀，美好无比，让我们尽情歌唱，畅抒心中的志向。作者借用此句表达自己梦想得以实现之后的畅快心情。

高鸟摩天飞，凌云共游嬉。——阮籍《咏怀八十二首》

[表达]书面意思是高飞的大鸟在摩天飞翔,仿佛与云朵一同嬉戏。作者借由此句表达了自己渴望像大鸟高飞一样实现抱负的心愿。

自言生得地,独负凌云洁。　　　　　——王绩《古意六首》

[表达]书面意思是自己所处的环境非常好,可以独自背负着直上云霄的壮志。作者借由此句来表达自己愿意为了实现梦想而努力的决心。

想着我独步才超,性与天道,凌云浩。

——金仁杰《杂剧·萧何月夜追韩信》

[表达]书面意思是我独自一人行走在才华超群的人群中,我的性格与天道相合,我的志向高远,如同霄云一般浩瀚。表达了作者内心志向高远的境界。

莫道玉关人老矣,壮志凌云,依旧不惊秋。

——京镗《定风波(次韵)》

[表达]书面意思是别说守卫玉门关的人已经老了,他壮志凌云,依然不因年岁而减损,不被秋天(衰老、困境等)所惊扰。作者借此表达了对边关那些有志之士的敬佩之情。

志气凌云贯九霄,周仓今日逞英豪。

——关汉卿《杂剧·关大王独赴单刀会》

[表达]书面意思是周仓今天的豪迈气魄直冲云霄,像个真正的英豪。此句可以视作是在夸赞某人今日表现出英豪气概。

力量金句

纵横正有凌云笔，俯仰随人亦可怜。

——元好问《论诗三十首·二十一》

[表达] 书面意思是每个人都可以手握自己的凌云大笔纵横挥洒，大胆自由抒发自己的真性情，如果只是跟在别人后面亦步亦趋，那就实在太可怜了。作者借由此句表达了对于敢说真话、做自己的人的敬佩，也表达了对曲意逢迎的小人的鄙视。

背水当公战，凌云属赋家。　　　——林逋《送茂才冯彭年赴举》

[表达] 书面意思是战士在战场上背水一战，展现出英勇无畏的精神；而文学家则以高远的志向和才华，直上云霄，创作出卓越的作品。作者借由此句表达出对友人冯彭年的祝福与期望，希望他能够实现自己的人生愿望。

但愿苍生俱饱暖，不辞辛苦出山林。　　　——于谦《咏煤炭》

[表达] 书面意思是煤炭只愿能够让普天之下的人民百姓都得以温饱，为此不惧生死磨炼，将自身投入熊熊炉火之中。作者借此表达自己愿意为国家和人民奉献自己的力量。

天边心胆架头身，欲拟飞腾未有因。　　　——崔铉《咏架上鹰》

[表达] 书面意思是鹰的心志在广阔的蓝天，但它的身体却被困在架子上，想要飞翔却还没有机会。作者借由此句表达自己想要高飞却被束缚住手脚的无奈。

斩除顽恶还车驾，不问登坛万户侯。　——岳飞《题青泥市萧寺壁》

表达 书面意思是消灭敌人，迎回君王的车驾，而不去计较是否被封为万户侯的高官。作者借由此句表达自己要消除敌人的决心，以及对高官厚禄的蔑视。

凤衔金榜出云来，平地一声雷。　　——韦庄《喜迁莺·街鼓动》

表达 意为张贴了本科新登进士名册，顿时金鼓之声大作，让人间平地响起了雷声。表达的是所有考生"金榜题名时"的喜悦之情。

知子有才思奋发，嗟余无地与回旋。　　——王安石《送王覃》

表达 书面意思是我知道你有才华并且有奋发向上的精神，但我却无法为你提供足够的空间和机会来施展才华。作者借由此句表达对友人的鼓励，以及对自己无能为力的懊恼。

平生学道在初心，富贵浮云何有？　　——王恽《言怀》

表达 书面意思是一生追求道德之道，初心始终不变，富贵荣华不过是浮云，又有何意义。作者借由此句表明自己为了追寻"道"的梦想，可以放弃荣华富贵。

今古北邙山下路，黄尘老尽英雄。

　　　　——元好问《临江仙·自洛阳往孟津道中作》

表达 书面意思是古往今来，北邙山下的道路，黄尘滚滚，不知老尽了多少英雄人物。作者触景生情，想到那些为了保家卫国而鞠躬尽瘁的英雄人物，以及对他们的崇敬之情。

丈夫身在要有立，逆虏运尽行当平。

——陆游《题醉中所作草书卷后》

表达 意思是指有志男儿应当建立功业，有所立身；金人侵略者的命运已经终结，应当去平定他们。作者借由此句表达了自己想要上阵杀敌、保家卫国的雄心壮志。

留我一白羽，将以分虎竹。　　　　　　——鲍照《拟古》

表达 书面意思是请留给我一支白羽箭，以便将来分符守郡为国立功。作者借由此句表达自己渴望为国立功的政治理想。

人生感意气，功名谁复论。　　　　　　——魏徵《述怀》

表达 人活在世上意气当先，又何必在意那些功名利禄。作者借由此句来表明自己的高尚理想，并不为功名利禄所累。

一丈夫兮一丈夫，千生气志是良图。　　——李泌《长歌行》

表达 书面意思是大丈夫啊大丈夫，生生世世追求志向精神才是深远的谋划啊。作者借由此句表达对志向精神的肯定。

身服干戈事，岂得念所私。　　——王粲《从军诗五首·其三》

表达 书面意思是既然自己已参加了战斗，怎么能时时挂念一己之私。作者借由此句表达了对愿意为家国利益舍弃自身利益的将领们的崇高敬意。

第二章

不畏权贵

力量金句

诗万首，酒千觞。几曾着眼看侯王？ ——朱敦儒《鹧鸪天·西都作》

[表达] 书面意思是我吟诗无数，饮酒无数，从未将权贵放在眼里。作者借由此句表达自己的人生理想不在功名利禄的仕途之上。

安能摧眉折腰事权贵，使我不得开心颜。

——李白《梦游天姥吟留别》

[表达] 书面意思是怎么能够低三下四地去侍奉那些权贵之人，使我自己一点都不开心。作者借由此句表达了自己对权贵的蔑视和不屈精神。

仰天大笑出门去，我辈岂是蓬蒿人。 ——李白《南陵别儿童入京》

[表达] 书面意思是仰面朝天纵声大笑着走出门去，我怎么会是长期身处草野之人。作者借由此句表达自己是一个心中有雄心大志的人，绝对不会和草野之人为伍。

黄金白璧买歌笑，一醉累月轻王侯。——李白《忆旧游寄谯郡元参军》

[表达] 书面意思是花黄金白璧买来宴饮与欢歌笑语时光，一次酣醉使我数月轻蔑王侯将相。作者借由此句表达自己追求精神上的解放，不在意功名利禄。

宁为玉碎，不为瓦全。 ——李百药《北齐书·元景安传》

[表达] 宁愿做高贵的玉器而破碎，也不愿做低贱的瓦器得以保全。人们常用此句来表明自己愿意为了志向牺牲自己，也不愿意苟且偷生。

人不可有傲气，但不可无傲骨。 ——徐悲鸿

[表达] 意思是做人不能太心高气傲，但相比之下，更不能够卑躬屈膝。

作者借由此句表明自己的心志。

别人笑我太疯癫，我笑他人看不穿。　　——唐寅《桃花庵歌》

[表达] 书面意思是世俗的人讥笑我疯疯癫癫，而我却笑他们太肤浅，无法理解我的境界和精神追求。作者借由此句表达了自己对世俗观念的蔑视和对超脱境界的追求。在唐寅看来，那些追逐权势与名利的人才是真正的盲目者，而他则愿意保持自己的清醒与独立。

我本不求名，名来如蝇营。我本不求利，利来如蝇争。

——陆游《秋思》

[表达] 书面意思是我本来没有追求名声，但名声却像苍蝇营巢一样纷至沓来；我本来没有追求利益，但利益却像苍蝇争食一样纷扰不断。作者借由此句来讽刺那些追求名利的人，认为真正的价值并不在于这些虚名浮利之中。

世无平权只强权，话到兴亡眦欲裂。　　——秋瑾《宝剑歌》

[表达] 书面意思是世界上没有公平的权利，只有强权当道，谈到国家的兴亡时，愤怒得眼睛都要裂开了。作者借由此句表达了对社会现实的批判以及强烈的爱国情怀。

直而不倨，曲而不屈。　　——左丘明《季札观周乐》

[表达] 书面意思是正直而不傲慢，弯曲而不屈服。作者借由此句歌颂了那些正直不屈的人的高尚品质。

力量金句

海上一官清俸薄，老气如虹终不屈。　　——黄镇成《希韦子歌》

表达 书面意思是任职的官员虽然俸禄微薄，但他坚韧不屈的精神就像彩虹一样，始终不向困难低头。作者借由此句表达了对清官的赞赏之情。

知理则不屈，知势则不沮，知节则不穷。　　——苏洵《心术》

表达 书面意思是明白道理就不会屈服，了解形势就不会丧气，懂得节制就不会困窘。作者借由此句强调知识、智慧和品德在人生中的重要性。

故虽处忧患困穷，而志不屈。　　——李清照《金石录后序》

表达 书面意思是虽然我们身处贫穷困苦的处境，但志向不能屈服。作者借由此句表明自己追求的是无论外界环境多么恶劣，内心志向都不会被磨灭的坚韧不拔精神。

弃官不屈人，颇学陶元亮。

——梅尧臣《次韵答德化尉郭功甫遂以送之》

表达 书面意思是放弃官职而不屈从于他人，学习陶渊明的品格和行为。作者借由陶渊明的事迹表达了自己和陶渊明一样拥有不愿屈服于强权的高尚品质。

凌霄不屈己，得地本虚心。　　——王安石《孤桐》

表达 书面意思是近了云霄，也不屈服，这是由于深深扎根大地的缘故。作者借由梧桐树表达了自己不愿屈服现实的决心。

岁月徒催白发貌，泥涂不屈青云心。

——白居易《醉后走笔酬刘五主簿长句之赠兼简张大贾二十四先辈昆季》

[表达]岁月虽然让人白发丛生,但在艰难困苦中仍然不屈服,保持远大的志向。

五斗粟,不屈人。　　　　　　　　　　——李东阳《五斗粟》

[表达]书面意思是即使只有五斗粟的俸禄,也不向他人屈服。作者借由此句表达了坚守自我、不为物质诱惑所动的决心和气节。

门前万事不挂眼,头虽长低气不屈。　　——苏轼《戏子由》

[表达]书面意思是虽然把事情看开,不放在心上,但仍然保持着不屈的精神和志气。作者借由此句表明了自己对生活的态度和哲学思考。

朱崖万里海为乡,百鍊不屈刚为肠。

——王庭圭《胡邦衡移衡州用坐客段廷直韵》

[表达]朱崖(今海南岛)虽然遥远,大海成了我的故乡;经过无数次的磨炼,我的内心如同钢铁般坚强不屈。

独君此膝竟不屈,男儿等死轻鸿毛。　——洪咨夔《送交代王公辅》

[表达]只有这位君子在关键时刻仍然不屈服,大丈夫就应该视死如归,把死亡看得像鸿毛一样轻。

白鹭未惭公子贵,青松不屈大夫尊。

——刘一止《题毗山吴约仲旷远亭一首》

[表达]书面意思是白鹭并不逊色于公子的高贵,青松也不屈服于大夫的威严。作者借由白鹭和青松做比喻,表达了自己对高洁品质的赞美和对坚韧不拔精神的颂扬。

力量金句

锐惰皆由气所为，浩然不屈是男儿。

——刘克庄《寄徐直翁侍郎二首·其一》

表达 书面意思是锐气和懒惰都源于人的精神状态，而刚正不阿、不屈不挠才是真正的男子汉。作者借由此句表达自己不向命运屈服的强烈愿望。

公子有腰不可折，势利不屈惟高歌。 ——王迈《题致爽轩诗》

表达 书面意思是公子有坚强的腰板，不会轻易屈服于权势和利益，必须要通过大声歌颂来表现自己不屈的精神。

召见固不屈，岂惮丞相夌。

——李裕《成化辛卯八月望日遣祀文信国因赋》

表达 书面意思是即使被召见也不屈服，又怎么会害怕丞相的威胁呢？作者借由此句表达自己不愿意屈服权贵的决心。

言所当言公不屈，上喜抗直深倚毗。——楼钥《林和叔侍郎龟潭庄》

表达 书面意思是直言不讳地表达应当表达的意见，不屈服于任何压力；君主喜欢这种刚直的品格，并深深信赖和依靠这样的人。作者借由此句表达了自己心目中理想的仕途环境。

至死不屈，万戈来攒。 ——石介《南齐云》

表达 书面意思是到死也不屈服，四面八方涌来的戈矛如雨点般密集。作者借由此句描绘了英勇无畏的精神和坚定抵抗困境的决心。

偃蹇终不屈，傲睨秦皇封。　　　　　——释文珦《青松篇》

表达 书面意思为即使身处困境，也绝不屈服，自傲地俯视秦始皇的封赏。作者借由此句表达了自己宁愿保持节操和原则，也不愿意接受不正当的权力和地位。

吾不能为五斗米折腰，拳拳事乡里小人邪。　——《晋书·陶潜传》

表达 书面意思为我怎能为了县令的五斗米薪俸而折腰，甚至要低声下气地去向乡里小人献殷勤呢？

不戚戚于贫贱，不汲汲于富贵。　　　——陶渊明《五柳先生传》

表达 书面意思是不为贫贱而感到忧虑悲伤，也不为富贵而匆忙追求。作者借由此句表达了自己的人生追求，坚决不肯为了功名利禄放弃自己的原则。

朱门酒肉臭，路有冻死骨。　——杜甫《自京赴奉先县咏怀五百字》

表达 书面意思为豪门贵族家里酒肉多得吃不完而腐臭，穷人们却在街头因冻饿而死。作者借由此句强烈讽刺了权贵的奢靡和百姓的困苦之间的对比，是对当时社会不平等现象的深刻批判和对人民疾苦的同情。

尔曹身与名俱灭，不废江河万古流。——杜甫《戏为六绝句·其二》

表达 书面意思是待你辈的一切都化为灰土之后，也丝毫无伤于滔滔江河的万古奔流。作者借由此句讽刺那些轻薄四杰的守旧文人。

旁人错比扬雄宅，懒惰无心作解嘲。　　　　——杜甫《堂成》

表达 书面意思是别人错误地将我的居所与扬雄的宅邸相比，而我却懒

力量金句

得去解释或辩驳。作者借由此句表明自己不在意别人的眼光，对世俗评价的不屑一顾，不为世俗所累。

不作河西尉，凄凉为折腰。　　　　　　——杜甫《官定后戏赠》

[表达]书面意思是我不愿意去做河西尉，因为那会让我为了五斗米而卑躬屈膝，过上凄凉的生活。作者借由此句表达了自己的无奈，不愿意为了官职而委曲求全。

眼看他起朱楼，眼看他宴宾客，眼看他楼塌了。

——孔尚任《桃花扇》

[表达]作者借由此句讽刺世事无常，权贵兴衰变化。

蚊子腹内刳脂油。亏老先生下手！　　——《醉太平·讥贪小利者》

[表达]书面意思为从蚊子的肚子里刳出脂肪，真亏得你老先生下得了手！作者借此句讽刺那些搜刮民脂民膏的贪官污吏。

以权利合者，权利尽而交疏。　　　　——司马迁《史记·郑世家》

[表达]书面意思为靠权势和利益结合的人，一旦权势和利益消失，交往关系也就疏远了。作者借由此句表达了对以权势和利益为纽带的人际关系的批判态度。

王侯将相，宁有种乎？　　　　　　——司马迁《史记·陈涉世家》

[表达]字面意思是那些称王侯拜将相的人，难道就比我们高贵吗？此句的内核在于表达了农民起义军首领陈胜对命运不公平的不满和反抗精神。

其后以不能媚权贵，失御史。　　　　——韩愈《柳子厚墓志铭》

表达 字面意思是自己的父亲后来因为不能讨好权贵，失去了御史的职位。作者借由此句表达了自己对父亲不畏强权的钦佩。

何曾客权贵，见谓贫盗璧。

——晁补之《用无斁八弟永城相迎韵寄怀》

表达 书面意思是我从未去巴结或依附权贵，却被视为贫寒之人盗取宝玉。作者借由此句讽刺了某些人对人捧高踩低的做派。

曾不奉权贵，但与故人投。　　　——梅尧臣《答刘原甫寄糟姜》

表达 书面意思是从不谄媚权贵，只与老朋友交往。作者借由此句阐述了自己的交友原则，拒绝向权贵谄媚。

儒生直如弦，权贵不须干。

——岑参《送张秘书充刘相公通汴河判官，便赴江外觐省》

表达 书面意思是读书人要像弓弦一样正直，不需要去巴结权贵。作者借由此句表达自己的情操和坚决不去攀附权贵的原则。

折腰俛眉事权贵，不如美酒当筵送。　　　——沈鍊《将进酒》

表达 书面意思是怎么能让我低眉弯腰侍奉权贵，让我自己不开心呢？还不如在宴会上畅饮美酒来得痛快。作者借由此句表达了自己的处事原则，表明了坚决不攀附的决心。

抢洲先生真丈夫，睥睨权贵如庸奴。

——言友恂《题魏布衣致陈恪勤书次沈栗仲大令韵》

力量金句

<u>表达</u> 书面意思是抢洲先生是真正的男子汉，他鄙视权贵就像鄙视平庸的奴仆一样。作者借由此句表达了对不趋炎附势的抢洲先生的敬佩。

折腰知宠辱，回首见沉浮。——高适《古乐府飞龙曲，留上陈左相》

<u>表达</u> 书面意思是通过弯腰行礼可以感知到荣辱，通过回顾过去可以见到人生的沉浮。作者通过此句表达了对人生荣辱的深刻理解。

折腰竟辞彭泽米，攒眉宁种远公莲。 ——宋濂《渊明祠》

<u>表达</u> 书面意思是（陶渊明）不愿为五斗米而折腰（指做官），最终还是辞去了彭泽的俸禄，宁愿皱眉去种植远公的莲花。作者借由这句诗词表达了对陶渊明的敬佩之情。

自叹犹为折腰吏，可怜骢马路傍行。 ——韦应物《赠王侍御》

<u>表达</u> 书面意思是自嘲仍然只是一个屈身于权贵的官吏，可怜那青白色的马在路旁艰难地行走。作者借由此句讽刺当时的官场环境。

应怜折腰吏，冉冉在风尘。

——司空曙《逢江客问南中故人因以诗寄》

<u>表达</u> 书面意思是应该怜惜那些为了生计而不得不屈从于世俗的官吏，他们在风尘中默默地耕耘。作者借由此句表达了对那些在基层努力工作的小官吏们的同情。

五斗折腰，谁能许事，归去来兮。 ——杨万里《归去来兮引》

<u>表达</u> 书面意思是为了微薄的俸禄而屈身事人，谁能答应这样的要求呢？还是回去吧。作者借由此句表达自己不想和贪官污吏同流合污、追求

精神上的解脱的愿望。

自可归来坐啸，何须世上折腰。

——吴潜《题舒蓼瞻啸圃独吟图二首·其二》

表达 书面意思是自己完全可以回到家乡悠闲地生活，何必在世上弯腰屈从。作者借由此句表达自己不愿意屈从于权贵的淡泊之心。

世人见我恒殊调，闻余大言皆冷笑。　　——李白《上李邕》

表达 书面意思是世人见我好发奇谈怪论，听了我的豪言壮语皆冷笑不已。作者借由此句表达了自己不畏流俗的精神。

横眉冷对千夫指，俯首甘为孺子牛。　　——鲁迅《自嘲》

表达 意指自己敢于揭露社会的阴暗面，不畏强权、不惧孤独，以笔为锋。

行曲则违于臧获，行直则怒于诸侯。　　——韩非《韩非子·显学》

表达 书面意思是如果一个人行为曲从，就会违背那些地位低微的人；如果一个人行为正直，就会激怒那些地位显赫的人。作者借由此句表明了自己的政治主张，即不能因为害怕上位者就违背自己的原则和立场。

说大人则藐之，勿视其巍巍然。——孟子及其弟子《孟子·尽心下》

表达 书面意思是在与地位显赫的人交谈时，要藐视他们，不要把他们显赫的地位和权势放在眼里。即使他们拥有高大的殿堂、丰盛的宴席、众多的侍从和显赫的地位。

力量金句

富贵不能淫，贫贱不能移，威武不能屈。

——孟子及其弟子《孟子·滕文公下》

表达 在富贵时，能使自己节制而不挥霍；在贫贱时不要改变自己的意志；在强权下不能改变自己的态度，这样才是大丈夫。

志意修则骄富贵，道义重则轻王公，内省而外物轻矣。

——荀子及其弟子《荀子·修身》

表达 志向远大就能傲视富贵之人，把道义看得重就能藐视王公贵族；注重内心反省，那么身外之物就微不足道了。表达了作者对敢于藐视强权的人的赞扬。

我也不登天子船，我也不上长安眠。　　——唐寅《把酒对月歌》

表达 书面意思是我也没有登上过天子的船，也没有在长安睡过觉。作者借由此句表达了自己蔑视权贵的心态。

第三章 砥砺前行

力量金句

路漫漫其修远兮，吾将上下而求索。　　　　——屈原《离骚》

表达 在追寻真理方面，前方的道路还很漫长，但我将百折不挠，不遗余力地去追求和探索。作者借由此句表达了不害怕任何困难，一定要勇于追寻真理的决心。

长风破浪会有时，直挂云帆济沧海。　　——李白《行路难·其一》

表达 书面意思是相信总有一天，能乘长风破万里浪；高高挂起云帆，在沧海中勇往直前。作者借由此句表明自己愿意勇往直前的信念。

天与百尺高，岂为微飙折？　　　——李白《赠韦侍御黄裳二首》

表达 书面意思是天生的百尺长松，岂能为小的狂风所折？作者以物抒情，歌颂了在黑暗、腐朽的强大压力之下，傲岸不屈、不肯同流合污的君子。

苦心人天不负，卧薪尝胆，三千越甲可吞吴。

——吴恭亨《对联话》

表达 苦励心志的人，上天不会辜负他，就像勾践卧薪尝胆，仅用三千兵马，就灭亡了吴国。

有志者事竟成，破釜沉舟，百二秦关终属楚。

——吴恭亨《对联话》

表达 有志向的人，做任何事情都会成功，就像项羽破釜沉舟，最终使百二秦关归楚国所有。

不经一番寒彻骨，怎得梅花扑鼻香。　　　——黄檗《上堂开示颂》

表达 如果不经历冬天那刺骨的严寒，梅花怎会有扑鼻的芳香。世人常用此句表达成功和美好往往需要经历一番艰难困苦的哲理。

退笔如山未足珍，读书万卷始通神。

——苏轼《柳氏二外甥求笔迹二首·其一》

表达 书面意思是用过的笔堆成了小山，要读够万卷书，才能运笔如神，婉转如意。作者借由此句表达了凡事想要获得成功，必须要经过长时间的努力。

博观而约取，厚积而薄发。　　　　　——苏轼《稼说送张琥》

表达 广泛地阅览而简要地吸取，丰富地积累而精当地表达。作者借由此句表达为了完成理想就必须不惧等待和积累，只有这样才能有更深厚的根基。

古之立大事者，不惟有超世之才，亦必有坚忍不拔之志。

——苏轼《晁错论》

表达 字面意思是自古以来凡是能够成就伟大功绩的人，不仅仅要有超凡出众的才能，还一定要有坚忍不拔的意志。

先被之以威，而不惧之人，威亦无所施欤！——苏轼《小儿不畏虎》

表达 字面意思是老虎想要吃人的时候，先用雄威震慑他；但是，对于不怕老虎的人，它的雄威就没有地方可以用了。

力量金句

安得广厦千万间，大庇天下寒士俱欢颜！风雨不动安如山。

——杜甫《茅屋为秋风所破歌》

表达 书面意思是如何能得到千万间宽敞的大屋，普遍地庇护天底下贫寒之人让他们喜笑颜开，房屋遇到风雨也不为所动安稳得像山一样。作者借由此句表达了对理想社会的追求以及对苦难人民的深切同情。

虽有槁暴，不复挺者，輮使之然也。故木受绳则直，金就砺则利。

——荀子及其弟子《荀子·劝学》

表达 书面意思是即使又晒干了，也不能恢复挺直，是因为经过加工使它成为这样的。所以木材用墨线量过再经辅具加工就能取直，刀剑在磨刀石上磨过就能变得锋利。作者借由此句表达的是后天努力对于个人成长和社会进步的重要性。

惟有竹枝浑不怕，挺然相斗一千场。　　——郑燮《题画竹》

表达 狂暴的恶风来了，只有竹枝不惧怕它，勇敢挺立地和恶风斗争一千场。作者借由竹子来隐喻自己不惧艰险、勇往直前的决心。

天下莫柔弱于水，而攻坚强者莫之能胜，以其无以易之。

——老子《道德经》

表达 天下没有什么比水更柔弱的了，但是攻击坚强的东西却没有什么能胜过水的，因为没有什么东西能代替得了水的作用。老子借由"水"的形象来表明以柔克刚的原理，也表明了顺应自然、不争而胜的智慧。

草木坚强物，所禀固难夺。　　——白居易《桐花》

表达 字面意思为草木是坚韧的生物，它们所具有的特性很难被改变。作者借由此句表达了生命的坚韧，这种坚韧的精神也可以用来比喻人在面对困难和挑战时应有的坚持和韧性。

不惧权豪怒，亦任亲朋讥。　　　　　　　——白居易《寄唐生》

表达 不害怕权贵豪强发怒，也不在乎亲戚朋友的讥讽。作者借由此句表达内心的勇敢和无所畏惧。

纵世人这不吾与兮，吾将卒以自明。

——敖陶孙《赠缙云陈志仲主簿楚语一篇》

表达 书面意思是即使世人不能理解我，我也不会放弃自我证明。作者借由此句表达坚持自我、不因外界误解而动摇的坚定信念。

人无远虑，必有近忧。　　——孔子及其弟子《论语·卫灵公》

表达 书面意思是如果没有长远的考虑，就必定会有马上到来的忧患。作者借由此句表明人要有充分的思考，不能安于安宁。

士不可以不弘毅，任重而道远。仁以为己任，不亦重乎？死而后已，不亦远乎？　　　　　　　　　——孔子及其弟子《论语·泰伯》

表达 字面意思是作为一个士人必须要有宽广、坚韧的品质，因为自己责任重大，道路遥远。要将"仁"贯穿于生活的方方面面，其难度和重要性都是非常高的。一直到死才停止，难道道路不遥远吗？

自反而缩，虽千万人，吾往矣。

——孟子及其弟子《孟子·公孙丑上》

力量金句

表达 书面意思是如果自我反省之后能够理直气壮，无愧于良心道理，即使是千军万马阻挡，我也勇往直前，决不退缩。后世大众用此句表达自己不惧怕任何阻力一定要前行的决心。

度岁亦辛苦，成材必坚强。　　　　　　——孔武仲《道傍树》

表达 书面意思表达每年都过得非常辛苦，只有经过磨砺才能变得坚强。作者通过对松树的描绘和赞美，表达了坚韧不拔、自强不息的精神。

短干自坚强，附枝交荫翳。　　　　——苏颂《和蒋颖叔亳州矮桧》

表达 书面意思是树干虽然短小，但自身坚强，附着的枝条相互遮蔽，形成荫凉。

天下无难事，只怕有心人。——王骥德《韩夫人题红记·花阴私祝》

表达 书面意思是只要肯下决心去做，世界上没有什么办不好的事情，困难总是可以克服的。后来，此句成为谚语，被世人广为流传。

我是个蒸不烂、煮不熟、捶不匾、炒不爆、响珰珰一粒铜豌豆。

——关汉卿《一枝花·不伏老》

表达 作者借由铜豌豆表明自己的内心，在元朝，科举制度被废除，导致很多知识分子都感到怀才不遇，已是中年的关汉卿发出了振聋发聩的呐喊。

沉舟侧畔千帆过，病树前头万木春。

——刘禹锡《酬乐天扬州初逢席上见赠》

表达 字面意思是翻覆的船只旁仍有千千万万的帆船经过；枯萎树木的前面也有万千林木欣欣向荣。作者借由"沉舟""病树"比喻自己，希望自己能够战胜困难，找到新的希望。

千淘万漉虽辛苦，吹尽狂沙始到金。　　——刘禹锡《浪淘沙》

表达 书面意思是虽然淘金要经过千遍万遍的过滤，非常辛苦，但最终淘尽泥沙，会得到闪闪发光的黄金。作者借此来表达是金子总会发光的深刻内涵。

千磨万击还坚劲，任尔东西南北风。　　——郑燮《竹石》

表达 字面意思是历经无数的磨难和打击身骨仍然坚劲，任凭你刮东西南北风。作者借由"竹石"形象表达自己不惧风雨的决心。

杜鹃再拜忧天泪，精卫无穷填海心。　——黄遵宪《赠梁任父同年》

表达 字面意思是我便如杜鹃一样呼唤祖国东山再起，要学习精卫填海的精神，不把东海填平誓不罢休。梁任父即梁启超，作者看到清朝廷不停地割地赔款，内心十分不满，想学杜鹃和精卫的精神，不惧挑战，战胜困难。

十年勾践亡吴计，七日包胥哭楚心。　　　——郑思肖《二砺》

表达 书面意思是勾践用十年策划亡吴的大计，包胥痛哭七天七夜感动了秦国，为楚国搬来了救兵。作者借此表达自己要学习勾践和包胥那种为了理想不顾一切的决心。

力量金句

受任于败军之际，奉命于危难之间。　　——诸葛亮《出师表》

表达 书面意思为在军事上失败的时候我接受了重任，在危难紧迫的关头接受命令。作者表明自己虽然在危难之间接受任务，但从内心深处并不惧怕挑战，愿意鞠躬尽瘁，死而后已。

人固有一死，或重于泰山，或轻于鸿毛。　　——司马迁《报任安书》

表达 每个人都注定要死亡，但死亡的意义有所不同，有的人死亡的意义比泰山还要重，有的人死亡的意义比鸿毛还要轻。作者借由此句表明自己不惧怕死亡，只是希望死得有意义。

宁有瑕而为玉，毋似玉而为石。　　——张居正《辛未会试录序》

表达 字面意思是宁愿做一个有瑕疵的玉石，也不要做一个看似完美却只是石头的东西。作者借由此句表明了自己的政治理念：内在价值比外在形式更重要，且不要在意旁人的评价。

亦余心之所善兮，虽九死其犹未悔。　　——屈原《离骚》

表达 字面意思是只要合乎我心中美好的理想，纵然死掉九回我也不会后悔。作者表达的是自己为了完成理想愿意放弃自己的生命。

免众患而不惧兮，世莫知其所如。　　——屈原《远游》

表达 字面意思是摆脱众多艰难无所畏惧，世人都不知他们的踪迹。作者借由此句表达自己不惧艰难的决心。

看似寻常最奇崛，成如容易却艰辛。　　——王安石《题张司业诗》

表达 字面意思是看似寻常的作品实际上最奇崛，写成好像容易但其实饱含艰辛。作者借由此句表达不要被表面的现象所迷惑，要看到背后的艰辛和付出。

生当作人杰，死亦为鬼雄。　　　　　——李清照《夏日绝句》

表达 字面意思为活着的时候应当做人中豪杰，死了以后也要做鬼中英雄。作者对当时的南宋政府十分不满，借由此句表明自己不惧怕死亡，更愿意为了国家牺牲自己。

天下兴亡，匹夫有责。　　　　　——顾炎武《日知录·正始》

表达 字面意思是指国家的兴盛或衰亡，每个普通人都有一份责任。作者强调在国家兴亡之际，每个人都应该不惧生死，勇于承担自己的责任。

我自横刀向天笑，去留肝胆两昆仑。　　　　——谭嗣同《狱中题壁》

表达 字面意思是我横刀而出，仰天大笑，因为去者和留者肝胆相照、光明磊落，有着昆仑山一样的雄伟气魄。作者借由此句表明了自己完成政治理念的决心。

功名多向穷中立，祸患常从巧处生。　　　　　——陆游《读史》

表达 书面意思是一个人的功业大多是建立在贫穷和困苦中的，而祸患常常从玩乐、享受中滋生。作者借由此句表达了真正的成就往往来自在困境中的坚持和努力。

楚虽三户能亡秦，岂有堂堂中国空无人！　　　——陆游《金错刀行》

表达 书面意思是楚国即使只剩下三户人家，最后也一定能报仇灭秦。难道我堂堂中华大国，竟会没有一个能人，把金虏赶出边关？此句也激励

力量金句

了无数中华儿女。

读书不了平生事,阅世空存后死身。　　——梁栋《金陵三迁有感》

[表达]苦读诗书,却不明白平生所历世事;阅尽世态,空留下未曾殉国之身。作者借由此句表达自己愿意为了国家而献身的大无畏精神。

万里不惜死,一朝得成功。　　　　　　　——高适《塞下曲》

[表达]字面意思是为了建功立业,征战万里,哪怕牺牲也在所不辞,只为一朝功成名就。作者借由此句表达了将领们从戎报国、不畏惧死亡的精神。

男儿身手和谁赌,老来猛气还轩举。人间多少闲狐兔。

——陈维崧《醉落魄·咏鹰》

[表达]男儿空有一身武功绝技来和谁一争高下呢?即使老了也应该意气飞扬,因为人世间还有无数的奸佞之徒!作者借由此句表达大丈夫应该不惧怕奸佞之徒,要维护正义。

为君意气重,无功终不归。　　　　　　——吴均《战城南》

[表达]书面意思是为了君王,十分注重报国立功的意气,发誓如果自己没有建立功勋一定不会归来。作者借由此句抒发了自己渴望建功立业、立功边塞的壮志豪情。

湖海襟怀,风云壮志,莫遣生华发。

——安熙《酹江月·登古容城有感,城阴即静修刘先生故居》

表达 字面意思是保持湖海般的胸怀和风云般的壮志，不要让生命虚度直至白发苍苍。作者鼓励自己保持湖海般的胸怀和风云般的壮志，不因岁月流逝而失去壮志。

直待功成方肯退，何日可寻归路。——刘过《念奴娇·留别辛稼轩》

表达 我早已下定决心为收复中原建功立业后才肯退隐，但不知何日才到我功成身退的那一天。作者借由此句表达了自己渴望成功的心情。

莫嫌举世无知己，未有庸人不忌才。　　——查慎行《三闾祠》

表达 字面意思是不要埋怨没有人理解你，历史上哪有不被庸俗小人嫉妒的贤才呢？作者借由此句强调强者不应该惧怕流言蜚语，这是对屈原的安慰。

居逆境中，周身皆针砭药石，砥节砺行而不觉；处顺境内，眼前尽兵刃戈矛，销膏靡骨而不知。　　——洪应明《菜根谭·概论》

表达 身在逆境之中，就好比全身都扎着针、敷着药，不知不觉中磨练着意志，培养着高贵品行；身在优越环境，就好比被各种兵器所包围，不知不觉就被掏空了身体，腐蚀了意志。

大丈夫处世，当扫除天下，安事一室乎？

——范晔《后汉书·陈蕃传》

表达 书面意思是大丈夫生活在世上，应当以清扫天下的污垢为己任，怎么能只做打扫一庭一室的事呢！作者借由此句表明男子汉大丈夫要勇于承担自己的责任。

力量金句

忧国忘家，捐躯济难，忠臣之志也。　　　　　——曹植《求自试表》

表达 书面意思是忧虑国家大事忘记小家庭，为拯救国家危难而捐躯献身，这都是忠臣的志向。作者借由此句表达了自己的政治理念。

捐躯赴国难，视死忽如归。　　　　　——曹植《白马篇》

表达 字面意思是为国家解危难奋勇献身，看死亡就好像回归故里。作者借由此句表达了自己不惧死亡，只为了实现保家卫国的信念。

时穷节乃现，一一垂丹青。　　　　　——文天祥《正气歌》

表达 字面意思是在危难的关头，一个人的气节才能显露出来，他们的光辉形象见于史册，传之后世。作者借由此句表达对那些危急关头挺身而出的英雄的钦佩。

臣心一片磁针石，不指南方不肯休。　　　　　——文天祥《扬子江》

表达 字面意思是我的心就像那一根磁针，不指向南方誓不罢休。作者借由"南方"比喻"南宋王朝"，表达了自己为了保卫国家不畏惧任何敌人。

有益国家之事虽死弗避。　　　　　——吕坤《呻吟语·卷上》

表达 字面意思是对国家有利的事情要勇敢地去做，就算有死亡的危险也不躲避。作者借由此句表达自己为了承担自己的责任，不惧怕任何危险。

知耻近乎勇。　　　　　——《礼记·中庸》

表达 书面意思是一个人只有懂得羞耻，才能自省自勉，奋发图强，勇敢地面对自己的错误并改正。作者借由此句强调一个勇敢的人是不应该惧怕自己丢掉面子的。

知君有家国，忍向北云看。——李梦阳《繁台冬饯翟子三首·其三》

表达 字面意思是我知道你有家国大事要处理，怎么能忍心向北眺望云彩呢。作者借由此句表达为了承担家国责任，不惧怕忍受思乡之苦。

相争战，威锋刚硬，一志向前当。　　　　——无名氏《锦堂春》

表达 字面意思是在战斗中彼此争夺，威风凛凛，刚硬不屈，一心向前冲锋。作者借由此句表达了一马当先的勇敢。

君子抱仁义，不惧天地倾。　　　　　——王建《赠王侍御》

表达 有德行的人坚守仁义，不畏惧天地的变化。这句话表达了一个人如果坚守仁义道德，就不会害怕任何困难和挑战，即使天地颠倒也能保持坚定的信念和勇气。

勇为江海行，风波曾不惧。　　　　　——梅尧臣《送苏子美》

表达 字面意思是勇敢地航行在江海上，面对风波却不害怕。诗人通过这句诗表达了对勇敢面对困难和挑战的精神的赞美。

不忧不惧，无辱无荣。　　　　——宋榩《行香子·京山道中》

表达 不被忧愁困扰，也不被恐惧左右；不被羞辱打击，也不被荣耀迷惑。这句话体现了以平和、勇敢的态度面对生活中的各种挑战的人生智慧。

力量金句

飘然渡沧海，不畏风波危。　　　　　　　　——黄遵宪《今别离》

表达 轻松地渡过茫茫大海，不惧怕风浪的危险。这句诗表达了诗人不惧风浪的冒险精神和对离别的深情寄托。

不畏人诛，岂顾物议。　　　　　　　　　　——邵雍《小人吟》

表达 字面意思是不害怕别人的诛杀，又怎么会顾及他人的议论。作者借由此句强调人只要意志坚定，就不为外界的压力所动摇。

不畏秦强畏廉斗，古来只有蔺相如。　　　　——晁补之《渑池道中》

表达 不畏惧秦国的强大，却畏惧廉颇的斗志，自古以来只有蔺相如具备这样的品质。作者借由蔺相如这个历史人物强调了不惧怕强权的勇气。

岂不畏艰险，所凭在忠诚。　　　　　　　　——吴筠《舟中夜行》

表达 字面意思是不害怕艰险，唯有依靠忠诚。作者借由此句强调了勇敢和忠诚的重要性。

行路难，艰险莫踟蹰。　　　　　　　　　　——孟云卿《行路难》

表达 字面意思是行路艰难，不要在困难面前犹豫不决。这句话强调了面对困难时应有坚定和勇气。

世路多艰险，人心恐动摇。　　　　　　　　——章甫《白露》

表达 字面意思是世上的道路充满了艰难险阻，人们的心志可能会因此而动摇不定。作者借由此句强调坚定的信念对人生之路有多重要。

第四章 勇于拼搏

力量金句

夫战，勇气也。一鼓作气，再而衰，三而竭。

——左丘明《左传·庄公十年》

[表达]作战，靠的是士气。第一次击鼓能够振作士兵们的士气，第二次击鼓士兵们的士气就开始低落了，第三次击鼓士兵们的士气就耗尽了。

横行负勇气，一战净妖氛。　　——李白《塞下曲六首》

[表达]横行战场靠的是勇敢的气魄，在将士们的奋勇拼杀下，一仗就消灭了敌人。作者借由此句表达了士兵们在战场上杀敌靠的是勇气。

寄言燕雀莫相唓，自有云霄万里高。　　——李白《观放白鹰二首》

[表达]书面意思是老鹰对一群燕雀说：你们别高兴太早，我迟早还要飞上万里云霄。作者通过老鹰与燕雀的对话，表达了诗人对那些目光短浅的人的嘲讽，同时也表达了自己不满足于现状、志向远大的精神。

安得倚天剑，跨海斩长鲸。　　——李白《临江王节士歌》

[表达]字面意思是怎样才能手挥倚天剑，跨海斩除长鲸？作者借由此句表达了对国家、对明主的忠诚和对报国之志的渴望。李白通过"倚天剑"和"长鲸"的意象，象征性地表达了壮士的豪情和决心。

精感石没羽，岂云惮险艰。　　——李白《豫章行》

[表达]字面意思是其精诚可感，金石为开，岂能惧怕艰险。此句后来常用于表达坚韧不拔、愈挫愈勇的精神。

少年负壮气，奋烈自有时。　　——李白《少年行二首》

[表达]书面意思是年少时胸怀豪杰之气，未来自然将飞黄腾达。这句常

用来鼓励青年要牢记初心使命，追求更高理想，开拓高远格局，胸怀梦想，心系国家。

愿将腰下剑，直为斩楼兰。　　——李白《塞下曲六首·其一》

表达 字面意思是但愿腰间悬挂的宝剑，能够早日平定边疆，为国立功。作者借由此句表达自己心中愿意保家卫国、建立功勋的理想。

少年乘勇气，百战过乌孙。　　——许浑《征西旧卒》

表达 年轻人凭借着勇敢和无畏的精神，英勇地战胜了遥远的乌孙。

公心有勇气，公口有直言。　　——韩愈《送进士刘师服东归》

表达 公正之心需要勇气，正直的言论需要诚挚和直率地说出。作者借由此句表达了一种正直和勇敢的精神，鼓励人们在面对不公和不义时，要有勇气站出来，并且要诚挚且直率地表达自己的观点和立场。

少始知学，勇于敢为；长通于方，左右具宜。　　——韩愈《进学解》

表达 少年时代就开始懂得学习，敢于实践；长大之后精通礼法，举止行为都合适得体。

不知逐臣悲，但恃勇气盈。　　——叶适《端午思远楼小集》

表达 字面意思是不知道被放逐的臣子内心的悲伤，但依靠着勇气来支撑。作者借由此句表达了自己虽然经历了不公，但内心仍然充满勇气，不愿自我放逐。

力量金句

而善人喜于见传，则勇于自立。　　　　　　——曾巩《寄欧阳舍人书》

表达 善良的人乐于被传颂，这样便更能激发他们自我提升和建立功业。

白日莫空过，青春不再来。　　　　　　　　——林宽《少年行》

表达 不要让时间白白过去，青春时光一去不复返。这句谚语劝人要珍惜时光，切莫虚度年华。

青春须早为，岂能长少年。　　　　　　　　——孟郊《劝学》

表达 青春年少时期就应趁早努力，一个人难道能够永远都是"少年"吗？作者借由此句劝导年轻人要努力拼搏。

春风得意马蹄疾，一日看尽长安花。　　　　——孟郊《登科后》

表达 字面意思是策马奔驰于春花烂漫的长安道上，今日的马蹄格外轻盈，不知不觉中早已把长安的繁花看完了。这句诗脍炙人口，表现了作者考中进士以后的洋洋自得，也有得遂平生所愿，进而展望前程的踌躇满志。

行是知之始，知是行之成。　　　　　　　　——陶行知

表达 实践是获取知识的必需途径，只有实践才能出真知。这句话强调了实践和认知之间的密切关系，即行动是获取知识的开始，而知识则是行动的成果。

虽复尘埋无所用，犹能夜夜气冲天。　　　　——郭震《古剑篇》

表达 字面意思是即使被尘土掩埋而看似没有用处，但其内在的气势

仍然能够夜夜冲向天空。作者借由此句表达遭遇困境，但仍保持不屈的精神。

乾坤能大，算蛟龙元不是池中物。

——文天祥《酹江月·和友驿中言别》

表达 书面意思是天地如此广阔，蛟龙原本就不是池中之物。这句话以蛟龙比喻有才能的人，暗示他们虽然暂时处于困境，但最终会飞腾起来，成就一番事业。

鸿鹄一再高举，天地睹方圆。——辛弃疾《水调歌头·我志在寥阔》

表达 书面意思是我要像鸿鹄一次次举翅高飞，看看这天地是方是圆。作者借由此句表达了高远的志向和广阔的胸怀。

大丈夫生于乱世，当带三尺剑立不世之功；今所志未遂，奈何死乎！

——罗贯中《三国演义·第五十三回》

表达 书面意思是大丈夫生在乱世，应当拿起自己的宝剑建立不朽的功绩；现在我的志向还没有实现，怎么能够死去呢！

濯鳞沧海畔，驰骋大漠中。　　　　　　——张华《壮士篇》

表达 字面意思是既可像鱼那样遨游沧海，也可驰骋于大漠。作者借由此句表达了壮士英勇无畏的精神。

乾坤由我在，安用他求为？　　　　　　——王守仁《长生》

表达 书面意思是宇宙间的变化和秩序都在我心中，何必向外寻求呢？这句诗表达了王守仁的心学观念，强调内心的力量和自我主宰的重要性。

力量金句

我欲乘风去，击楫誓中流。　　——张孝祥《水调歌头·和庞佑父》

[表达]字面意思是我一定要乘长风破万里浪而去，效祖逖在渡江的中流击楫发誓。这句表达了作者意气凌云、视死如归的英雄气概。

少小虽非投笔吏，论功还欲请长缨。　　——祖咏《望蓟门》

[表达]书面意思是少年时虽未能像班超那样投笔从戎，但论功名我却想学终军自愿请缨。作者借由此句表达自己虽然年纪小但也有立下战功的决心。

白鸥没浩荡，万里谁能驯？　　——杜甫《奉赠韦左丞丈二十二韵》

[表达]字面意思是让我像白鸥出现在浩荡的烟波间，飘浮万里有谁能把我纵擒？作者借由此句表达自己不愿受到束缚的高尚情怀。

会当凌绝顶，一览众山小。　　——杜甫《望岳》

[表达]字面意思是定要登上泰山顶峰，俯瞰群山，豪情满怀。这句常用来表现不怕困难、敢攀顶峰、俯视一切的雄心和气概，以及卓然独立、兼济天下的豪情壮志。

天行健，君子以自强不息。地势坤，君子以厚德载物。——《易经》

[表达]字面意思是君子处世，应像天一样，自我力求进步，刚毅坚卓，发奋图强，永不停息；大地的气势厚实和顺，君子应增厚美德，容载万物。

临渊羡鱼，不如退而结网。　　——班固《汉书·董仲舒传》

[表达]字面意思是站在水边想得到鱼，不如回家去结网。此句常被用于

比喻只有愿望而没有措施，对事情毫无好处，或者比喻只希望得到却不付诸行动。

三军可夺帅也，匹夫不可夺志也。——孔子及其弟子《论语·子罕》

<u>表达</u>书面意思是军队的首领可以被夺去，但是有志气的人的志向是不能被改变的。孔子通过这句话强调了个人志向的重要性，认为即使是一个普通人，也应该有坚定的志向，这种志向是难以被外界因素改变的。

工欲善其事，必先利其器。——孔子及其弟子《论语·卫灵公》

<u>表达</u>书面意思是在学习和工作中，要想做好事情，必须先准备好必要的工具和条件。作者用此句表达在学习和工作中，要先做好充分的准备，才能取得好的效果。

从心所欲不逾矩。——孔子其及弟子《论语·为政篇》

<u>表达</u>随心所欲地做自己想做的事情，而不会超越规矩和法度。这句话是孔子对自己学习和修养过程的自述。

敏而好学，不耻下问。——孔子及其弟子《论语·公冶长》

<u>表达</u>字面意思是天资聪明而又好学，不以向地位比自己低、学识比自己差的人请教为耻。作者借由此句强调了人在努力的过程中要在方方面面进行学习，不要自满。

海阔凭鱼跃，天高任鸟飞。——阮阅《诗话总龟前集》

<u>表达</u>字面意思是大海非常宽敞，鱼可以在其中自由跳跃；天空非常广

力量金句

阔，鸟儿可以在其中自由飞翔。这句话激励人们勇敢追求自己的梦想和目标，不受任何限制和束缚。

咬定青山不放松，立根原在破岩中。　　　　——郑燮《竹石》

表达 字面意思是紧紧咬定青山不放松，要深深地扎根在石缝中。作者借着竹石比喻自己也不能够放松，要时刻保持进取精神。

业无高卑志当坚，男儿有求安得闲。　　　　——张耒《示秬秸》

表达 字面意思是职业没有高低贵贱之分，但意志必须坚强，男子汉要自食其力，哪能游手好闲！作者借由此句表明想要成功就需要努力拼搏。

苔花如米小，也学牡丹开。　　　　——袁枚《苔》

表达 字面意思是在太阳照不到的地方，苔藓也不会放弃生长，如同高贵的牡丹一样热烈绽放。作者借由苔花比喻人不要妄自菲薄，无论身处多么恶劣的环境，也能突破重重窒碍，绽放出属于自己的光彩。

几人平地上，看我碧霄中。　　——侯蒙《临江仙·未遇行藏谁肯信》

表达 书面意思是有几个人在平地上，看着我登上了蓝天白云之间。作者借由平地、高处等意象，表达了自己的豪情壮志和追求卓越的精神。

大丈夫当雄飞，安能雌伏！

　　　　——范晔《后汉书·列传·宣张二王杜郭吴承郑赵列传》

表达 大丈夫应当像雄鹰一样展翅高飞，怎么能像雌鸟那样伏在窝边无所作为呢？作者借由此句展示出积极向上的价值观和坚定的人生态度，激励和鼓舞人们勇往直前，追求理想，不畏艰险，顽强拼搏。

丈夫为志，穷当益坚，老当益壮。

——范晔《后汉书·列传·马援列传》

表达 书面意思是大丈夫立志，穷困之时应该更加坚强，年迈之时应该更加雄壮。这句表达了君子立志不畏艰难和困苦，表现出顽强不屈的豪迈气概，体现出生命不息、奋斗不止的坚韧精神。

纸上得来终觉浅，绝知此事要躬行。　　——陆游《冬夜读书示子聿》

表达 从书本上得来的知识毕竟不够完善，要透彻地认识学习知识还必须亲身实践。

玉不琢，不成器。人不学，不知义。　　——王应麟《三字经》

表达 玉石不经过琢磨，就不能用来做器物；人不通过学习，就不懂得道理。这句话表明了一个人的成才之路如同雕刻玉器一样，只有经过刻苦磨练才能成为一个有用的人。

石可破也，而不可夺坚；丹可磨也，而不可夺赤。

——吕不韦及其门客《吕氏春秋》

表达 石头可以被击破打碎，但不可以改变它坚硬的质地；朱砂可以被研磨耗损，但不可以改变它赤红的色彩。作者借用石头的坚硬和朱砂的红色来比喻人的坚强意志和不屈的精神。

流水不腐，户枢不蠹。　　——吕不韦及其门客《吕氏春秋》

表达 书面意思是流动的水不会腐臭，经常转动的门轴不易被虫蛀蚀。这个成语比喻经常运动的东西不易受外物的侵蚀，可以长久不坏。

力量金句

博学之，审问之，慎思之，明辨之，笃行之。　　——《礼记·中庸》

[表达] 字面意思是广泛地学习，详细地询问，慎重地思考，明确地辨别，切实地实行。这句话体现了儒家对于学习、认知和实践的严谨态度。

好学近乎知，力行近乎仁，知耻近乎勇。　　——《礼记·中庸》

[表达] 字面意思是爱好学习就接近于智慧，努力实践就接近于仁爱，知道羞耻就接近于勇敢。这句话强调了学习、实践和自我反省在个人修养中的重要性。

及时当勉励，岁月不待人。　　——陶渊明《杂诗十二首·其一》

[表达] 字面意思是应当趁年富力强之时勉励自己努力奋斗，光阴流逝，并不等待人。作者借用此句表达奋斗不能等待，要在年轻时就勇于拼搏。

劝君莫惜金缕衣，劝君惜取少年时。　　——杜秋娘《金缕衣》

[表达] 书面意思是我劝你不要太注重追求功名利禄，要珍惜少年求学的最好时期。这句话常被用来激励年轻人不要过分看重名利，而是要把重心放在拼搏上。

欲穷千里目，更上一层楼。　　——王之涣《登鹳雀楼》

[表达] 字面意思是想要看到千里之外的风光，那就要再登上更高的一层楼。常用来激励年轻人勇攀高峰，不要满足现状。

不畏浮云遮望眼，自缘身在最高层。　　——王安石《登飞来峰》

[表达] 书面意思是不怕层层浮云遮挡我远望的视线，只因为如今我站在最高层。作者借由此句表达不要被繁华的假象所迷惑，要努力看透本质。

海到无边天作岸，山登绝顶我为峰。　　　　——林则徐《出老》

表达 字面意思是大海以天际作为其岸，当我登上高山的时候我就是最高峰。作者借由此句表达想要征服一切的豪情壮志。

丈夫志四海，万里犹比邻。　　　　——曹植《赠白马王彪》

表达 有抱负的人志在四海，即使相距万里，也能彼此心意相通，就像离得很近的邻居一样。这句话常被用来互相勉励，抒发昂扬的情怀，强调大丈夫应有广阔的胸怀和积极的人生态度。

我劝天公重抖擞，不拘一格降人材。　　　　——龚自珍《己亥杂诗》

表达 字面意思是我奉劝上天要重新振作精神，不要拘泥一定规格以降下更多的人才。此句常用来鼓励青年人要勇敢创新，不要拘泥在束缚中。

小来思报国，不是爱封侯。　　　　——岑参《送人赴安西》

表达 字面意思是从小就想着报效祖国，而不是想着要封侯当官。作者借由此句强调了拼搏的初衷应该是为了完成自己内心的梦想，而不是为了功名利禄。

人之为学，不可自小，又不可自大。　　　　——顾炎武《日知录》

表达 在学习时不要因为面对渊博的知识而感到自卑，也不能因为学到一点点知识而骄傲自满。这句话常常被用于教导年轻人如何做人。

强中更有强中手，莫向人前满自夸。　　　　——冯梦龙《警世通言》

表达 在强者中间还有更强的人，不要在别人面前自满地夸口。这句话告诫人们，即便自己本领高强，取得了骄人的成就，也不要骄傲自大，因

力量金句

为还有许多比自己更强大的人,要谦虚学习、追求进步。

凡益之道,与时偕行。　　　　　　　——《周易·益卦·象传》

表达 凡是增益的方法,都应当随着时代的变迁而行动。这句话强调了用发展的观点看问题,反对形而上学的静止观点。

明者因时而变,知者随事而制。　　　　　　——桓宽《盐铁论》

表达 聪明的人会根据时期的不同而改变策略和方法,有大智慧的人会针对事物的不同而制定相应的管理方法。

其实地上本没有路,走的人多了,也便成了路。　——鲁迅《故乡》

表达 谁也不能断定一种理想能不能最终得到实现,关键在于有没有人去追求,有更多的人去追求,就有希望,哪怕前方没有道路,我们也能开创出一条道路。

勇者愤怒,抽刃向更强者;怯者愤怒,却抽刃向更弱者。

——鲁迅《华盖集》

表达 勇敢的人愤怒的时候,会向着比他更强的敌人抗争,而怯懦者愤怒的时候,往往只能通过伤害弱者来发泄。

真的猛士,敢于直面惨淡的人生,敢于正视淋漓的鲜血。

——鲁迅《华盖集续编》

表达 作者用此句表达,自己心中真正的勇士,要能够接受人生中任何困难。

第五章
勤奋持久

力量金句

三更灯火五更鸡，正是男儿读书时。　　　　——颜真卿《劝学》

表达 字面意思是每天三更半夜到鸡啼叫的时候，是孩子读书的最好时间。这句话着重强调要养成学习的好习惯。

黑发不知勤学早，白首方悔读书迟。　　　——颜真卿《劝学诗》

表达 书面意思是如果只知道玩，不知道要好好学习，到老的时候才后悔自己年少时为什么不知道要勤奋学习。

事业功名在读书，圣贤妙处着工夫。　　——姚勉《劝学示子元夫》

表达 书面意思是事业的成功和功名的取得关键在于读书，而要理解并实践圣贤的智慧，则需要付出努力和工夫。这句话着重强调了读书对于追求事业成功和提升个人修养的重要性。

寸阴可惜莫虚掷，百年安得长青春。　　　　——陈普《劝学歌》

表达 字面意思是极短的时间被丢弃也值得惋惜，而人生百年也不可能保持长久的青春。这句话强调了时间的宝贵和青春的短暂，提醒人们要珍惜每一分每一秒，不要虚度光阴。

盛年不重来，一日难再晨。　　　　　　　　——陶渊明《杂诗》

表达 书面意思是青春一旦过去便不可能重来，毕竟一天之中永远看不到第二次日出。作者借由此诗句警示后辈要珍惜青春岁月，做更有意义的事情。

学而不知道，与不学同；知而不能行，与不知同。

——黄晞《聱隅子·生学篇》

表达 学习知识如果不能从中明白一些道理，这和不学习没什么区别；学到了道理却不能运用，这仍等于没有学到道理。这里强调的是学习要不光学会，还要理解其中的内涵，并且能够运用到生活当中。

学之广在于不倦，不倦在于固志。——葛洪《抱朴子·外篇·崇教》

表达 字面意思是学问的广博在于孜孜不倦地学习，而能够孜孜不倦地学习则在于有坚定的志向。作者借由此句表明需要有坚定的志向，才能在学习中保持持久的热情和动力，从而获得广博的知识。

知而好问，然后能才。　　　　——荀子及其弟子《荀子·儒效》

表达 字面意思是聪明并且善于请教别人，只有这样才能成才。这句话强调了虚心求教对于成才的重要性。

不积跬步，无以至千里，不积小流，无以成江海。

——荀子及其弟子《荀子·劝学》

表达 书面意思为不把半步、一步积累起来，就不能走到千里远的地方；不把细流汇聚起来，就不能形成江河大海。作者用此句表达想要有所收获就必须日复一日地努力。

然而其持之有故，其言之成理。

——荀子及其弟子《荀子·非十二子》

表达 字面意思是提出的见解或主张都有一定的根据，所说的话都有道理。这句话常用来表达兼听则明，要虚心接受别人意见。

力量金句

学而不化，非学也。　　　　　　　　——杨万里《庸言》

[表达]学习却不能融会贯通，便不是卓有成效的学习。这句话强调了学习的目的不仅是获取知识，更重要的是能够将所学知识内化吸收、融会贯通，做到学以致用。

读书百遍，其义自见。　　　　　　　　——陈寿《三国志》

[表达]字面意思是读书必须反复多次地读，这样才能明白书中所讲的意思。

温故而知新，可以为师矣。　　——孔子及其弟子《论语·为政》

[表达]在温习旧知识的过程中，能够获得新的理解和体会，这样的人就可以成为老师了。这句话强调了持续学习和自我提升的重要性。

知之为知之，不知为不知，是知也。　　——孔子及其弟子《论语》

[表达]知道就是知道，不知道就是不知道，这才是真正的智慧。这种态度体现了对学问的尊重，希望学习者能够真诚地面对自己的知识局限，勇于承认自己的不足，并在此基础上不断学习和进步。

学而不思则罔，思而不学则殆。　　　——孔子及其弟子《论语》

[表达]只学习却不思考就会感到迷茫，只空想却不学习就会疲倦而没有收获。

学如不及，犹恐失之。　　　　——孔子及其弟子《论语·秦伯》

[表达]书面意思是学习好像追赶什么，总怕赶不上，赶上了又怕被甩掉。这句话形容学习勤奋，进取心强，也适用于形容做其他事情的迫切心情。

成事不说，遂事不谏，既往不咎。

——孔子及其弟子《论语·八佾篇》

表达 已经完成的事就不用再提了，已经做了的事就不要再劝谏了，已经过去的事也不必再追究得失与责任。这句话不仅表达了对已经发生的事情的接受和宽容，也体现了孔子在教育弟子时的循循善诱和宽容态度。

名不正，则言不顺；言不顺，则事不成。

——孔子及其弟子《论语·子路篇》

表达 名义不正，说起话来就不顺当合理，说话不顺当合理，事情就办不成。这句话强调了名分的重要性，在儒家思想里，"名分"是礼的重要组成部分。

朝闻道，夕死可矣。　　　——孔子及其弟子《论语·里仁篇》

表达 如果在早上能够领悟到真理（道），那么即使晚上死去也心满意足了。孔子用这句话表达了对真理的追求和践行。

不怨天，不尤人，下学而上达。——孔子及其弟子《论语·宪问篇》

表达 不埋怨上天给的命运，也不遇到挫折就怨恨别人，而是通过学习平常的知识，理解其中的哲理，获得人生的真谛。这句话体现了孔子对理想人格的追求，强调了自我约束和自我要求的重要性，使人性得到全面发展。

日月逝矣，岁不我与！　　　——孔子及其弟子《论语·阳货篇》

表达 书面意思是时光飞逝，时间不会等我们。这句话强调了时间流逝无情的道理，提醒人们珍惜时间，引发对生命的反思和思考。

君子欲讷于言而敏于行。　　——孔子及其弟子《论语·里仁篇》

表达 君子在言语上可以表现得木讷、迟钝，但是在行动上一定要敏捷、勤快。这句话的内涵是君子应该注重实际行动而并非口头表达，启示人们在做事情时要脚踏实地、实践出真知。

仕而优则学，学而优则仕。　　——孔子及其弟子《论语·子张篇》

表达 做官的事情做好了，就应该更广泛地去学习以求更好；学习学好了，就可以去做官以便更好地推行仁道。

发愤忘食，乐以忘忧，不知老之将至云尔。

——孔子及其弟子《论语》

表达 他发愤用功，连吃饭都忘了，快乐得把一切忧虑都忘了，连自己快要老了都不知道。体现了孔子对大道忘我而不悔的追求。

学而时习之，不亦说乎？　　　——孔子及其弟子《论语》

表达 学习后经常温习所学的知识，不也很令人愉悦吗？作者借由此句强调学习使人成长和快乐。

吾日三省吾身，为人谋而不忠乎？——孔子及其弟子《论语·学而》

表达 字面意思是我每天多次反省自己：替别人办事是否尽心竭力了呢？这句话强调了自我反省的重要性，提醒我们每天都要反思自己的行为是否对他人有利。

知之者不如好之者，好之者不如乐之者。

——孔子及其弟子《论语·雍也》

[表达]孔子认为，对于学习，知道它的人不如爱好它的人，爱好它的人又不如以它为乐的人。

三人行，必有我师焉；择其善者而从之，其不善者而改之。

——孔子及其弟子《论语·述而》

[表达]意思是说别人的言行举止，必定有值得我学习的地方。选择别人好的地方学习，看到别人缺点，反省自身有没有同样的缺点，如果有，便加以改正。这句话强调的是谦虚好学的重要性。

人一能之，己百之；人十能之，己千之。　　——《礼记·中庸》

[表达]人家一次就学通的，我如果花上百次的工夫，一定能学通；人家十次能掌握的，我要是学一千次，也肯定会掌握的。

知不足者好学，耻下问者自满。　　　　　　——林逋《省心录》

[表达]字面意思是知道自己不足的人谦逊好学，以向别人请教为耻的人骄傲自满。强调了"不耻下问"的重要性，也警示年轻人不能骄傲自满。

人谁无过，过而能改，善莫大焉。　　　　　　——左丘明《左传》

[表达]人都有可能犯错误，犯了错误，只要改正了就是最大的善行。

好学而不贰。　　　　　　　　　　　　　　——左丘明《左传》

[表达]字面意思是勤奋好学且专心致志。这句话是为了警示后辈做事需要专心。

力量金句

一家之计在于和，一生之计在于勤。　　　　——《增广贤文》

表达 对于一个家庭来说，最重要的是和睦；对于人的一生来说，最重要的是勤奋。这句话强调了家庭和睦与个人勤奋对于生活和成功的重要性。

学如逆水行舟，不进则退。　　　　——《增广贤文》

表达 字面意思是学习要不断进取，不断努力，就像逆水行驶的小船，不努力向前，就只能向后退。此句常被用来激励青年人持之以恒，做事不能三分钟热度。

枯木逢春犹再发，人无两度再少年。　　　　——《增广贤文》

表达 已经枯萎的树木等到了来年的春天还会再次发芽，可是人生只有一次，年轻的时光虚度了，就再也弥补不了了。这句话警示人们要珍惜时间。

力学如力耕，勤惰尔自知。　　　　——刘过《书院》

表达 致力于治学如同致力于开垦耕种，是勤劳还是懒惰你自己是心知肚明的。

男儿若遂平生志，六经勤向窗前读。　　　　——赵恒《劝学诗》

表达 男人如果想实现平生的志向，就应该勤奋地研读六经，坐在窗前专心致志地学习。

读书之乐乐陶陶，起弄明月霜天高。　　　　——翁森《四时读书乐·秋》

表达 读书的乐趣很令人愉悦，好比在高远的秋夜里，起身来赏玩明月。作者借由此句表达了在秋夜中勤奋读书的情景和沉浸在读书乐趣中的愉悦心情。

古人学问无遗力，少壮工夫老始成。　　——陆游《冬夜读书示子聿》

表达 书面意思是古人做学问是不遗余力的，往往要到老年才取得成就。赞扬了古人刻苦学习的精神以及做学问的艰难。

旧业虽衰犹不坠，夜窗父子读书声。　　——陆游《读书》

表达 书面意思是虽然家业已经衰败，但仍然没有放弃，夜晚的窗前依然能听到父子俩读书的声音。这句话强调了作者重视教育、重视读书。

少年辛苦终身事，莫向光阴惰寸功。　　——杜荀鹤《题弟侄书堂》

表达 年轻时候的努力是有益终身的大事，对着匆匆逝去的光阴，不要丝毫放松自己的努力。

一日不读书，胸臆无佳想。　　——萧抡谓《读书有所见作》

表达 一天不阅读书籍，脑海中就没有新的奇思妙想。作者借由此句强调了读书的重要性。

精诚所至，金石为开。　　——凌濛初《初刻拍案惊奇·卷四〇》

表达 人的诚心所到，能感动天地，使金石为之开裂。这句话比喻只要专心诚意去做，什么疑难问题都能解决。

少壮不努力，老大徒伤悲。　　——《长歌行》

表达 书面意思是少年人如果不及时努力，到老来只能是悔恨一生。这

力量金句

句话常用来激励后辈，鼓励他们持之以恒。

富贵必从勤苦得，男儿须读五车书。　　——杜甫《柏学士茅屋》

表达 成功必须通过勤苦努力才能得到；男儿要想有所成就，就必须刻苦读书，学富五车。作者借由此句强调了成功没有捷径，需要努力。

读书破万卷，下笔如有神。　　——杜甫《奉赠韦左丞丈二十二韵》

表达 字面意思是博览群书，把书读透，这样落实到笔下，运用起来就会得心应手。作者借由此句表明自己之所以能够才华横溢是因为读了很多书。

路遥知马力，岁久辨人心。　　——释道川《颂古二十八首·其一》

表达 路途遥远才能知道马的力气大小，时间久了才能看出人心的好坏。

吾生也有涯，而知也无涯。　　——庄子及其后学《庄子》

表达 意思是我们的生命是有限的，而知识是无限的。作者借由此句启示年轻人，在追求知识的过程中，应当不断拓宽视野，丰富精神世界。

我生待明日，万事成蹉跎。　　——钱福《明日歌》

表达 我的一生都在等待明日，什么事情都没有进展。作者借由此句强调了年轻人不应该虚度光阴。

人生在勤，不索何获。　　——范晔《后汉书·张衡列传》

表达 人的一生在于勤奋，倘若不努力探索，哪会有收获？作者借由此句强调了勤奋和探索的重要性。

学向勤中得，萤窗万卷书。　　　　　　　　——汪洙《勤学》

表达 学问是需要通过勤奋努力才能获得的，就像古人囊萤映雪一样，勤奋夜读，读很多书。这句话常被用于强调勤奋学习的重要性。

操千曲而后晓声，观千剑而后识器。　　——刘勰《文心雕龙》

表达 字面意思是练习一千支乐曲之后才能懂得音乐，观察过一千柄剑之后才知道如何识别剑器。这句话强调了经验和积累的重要性，要想真正掌握一门技艺或成为一个鉴赏家，必须通过大量的实践和观察来积累经验。

业精于勤，荒于嬉；行成于思，毁于随。　　——韩愈《进学解》

表达 书面意思是学业由于勤奋而专精，由于玩乐而荒废；德行由于独立思考而有所成就，由于因循随俗而败坏。这句话常被用来表示勤奋和思考在个人成长和学业成就中的重要性。

书山有路勤为径，学海无涯苦作舟。——韩愈《古今贤文·劝学篇》

表达 书面意思是勤奋是登上知识高峰的途径，不怕吃苦才能在知识的海洋里自由遨游。这句话常被用来激励人们不断追求知识，勇于探索，始终保持学习的热情。

日日行，不怕千万里；常常做，不怕千万事。

——金缨《格言联璧·处事类》

表达 只要天天都在走，就不怕路途有千里之遥；只要不停地做事，再

力量金句

多的事也不怕做不完。这句话鼓励人们要持之以恒、坚持不懈地去做事情，强调了坚韧不拔的毅力和坚持不懈的精神。

以家为家，以乡为乡，以国为国，以天下为天下。

——刘向《六亲五法》

[表达]应该按照治家的要求治家，按照治乡的要求治乡，按照治国的要求治国，按照治天下的要求治理天下。作者用这句话表达了在治理不同层级的社会组织时，应遵循相应的治理原则和方法。

学者须先立志。志既立，却要遇明师。

——陆九渊《象山全集·语录》

[表达]做学问的人，先要树立远大志向。志向一旦确定下来，而后就需要一位好的老师来指导自己。作者借由此句强调学者在求学道路上立志与寻求明师的重要性。

夫英雄者，胸怀大志，腹有良谋，有包藏宇宙之机，吞吐天地之志者也。　　　　　　　　　　　——罗贯中《三国演义》

[表达]凡是成为英雄的人，都有伟大的志向，胸中蕴藏着精良计谋，他们都是具有能够容下宇宙的胸怀，吞吐天地的志气的人。

读书有三到，谓心到，眼到，口到。　　——朱熹《训学斋规》

[表达]用心思考，用眼仔细看，用口多读，三方面都做得到位才是真正的读书。

少年易老学难成，一寸光阴不可轻。　　　　——朱熹《劝学诗》

表达 青春的日子十分容易逝去，学问却很难获得成功，所以每一寸光阴都要珍惜，不能轻易放过。作者借由此句激励后辈要珍惜时光，努力学习。

又道是十年窗下无人问，一举成名天下知。

——郑光祖《杂剧·醉思乡王粲登楼》

表达 读书人长期攻读诗书默默无闻，一旦考取功名，就名扬天下。

成人不自在，自在不成人。　　　　　　　——曹雪芹《红楼梦》

表达 人若要有成就，就必须努力奋斗，不能贪图安逸；反之，如果贪图安逸，就不能成为有成就的人。

男儿不展风云志，空负天生八尺躯。　　　——冯梦龙《警世通言》

表达 字面意思是男子汉如果不能施展远大的志向，就白白辜负了上天赋予的八尺身躯。作者借由此句表达男子汉大丈夫要实现人生理想才不辜负自己。

立身以立学为先，立学以读书为本。——欧阳修《欧阳文忠公文集》

表达 字面意思是修养品行从学习开始，学习以读书为根本。这句话强调了学习和读书在个人修养和知识积累中的重要性。

书卷多情似故人，晨昏忧乐每相亲。　　　　　——于谦《观书》

表达 我对书籍的感情就像是多年的朋友，无论清晨还是傍晚忧愁还是快乐总有它的陪伴。

力量金句

鸟欲高飞先振翅，人求上进先读书。　　　　　　——李苦禅

[表达] 鸟想要往高处飞，必须先振动翅膀；人想要上进，必须先读书。这句话强调了学习和努力的重要性，即只有通过不断学习和努力，才能实现个人的进步和成功。

昨日邻家乞新火，晓窗分与读书灯。　　　——王禹偁《清明》

[表达] 昨天从邻家讨来新燃的火种，在清明节的一大早，就在窗前点灯，坐下来潜心读书。

读万卷书，行万里路。　　　　　　　　　——董其昌《画决》

[表达] 字面意思是要努力读书，积累丰富的知识；同时也要多出去走走，亲身体验和了解世界。

书犹药也，善读之可以医愚。　　　　　　　　　——刘向

[表达] 意思是书就像药一样，善读书就可以治疗愚昧。这句话强调了读书可以使人明智。

人学始知道，不学非自然。　　　　　　　——孟郊《劝学》

[表达] 书面意思是人只有通过学习，才能掌握知识；如果不学习，知识不会从天上掉下来。

田中读书慕尧舜，坐待四海升平年。　——高启《练圻老人农隐》

[表达] 字面意思是在田野中读书时，怀念古代的尧舜，期待着天下太平的年代到来。描述了在古代科举制度下读书人的美好心愿。

日长深院里，时听读书声。

——赵文《临江仙（寿此山，有酒名如此堂）》

[表达]意思是在长长的日子里，深邃的庭院中，时常可以听到琅琅的读书声。作者作为文天祥的门人，最大的愿望便是让天下恢复安宁，让读书声再次响起。

读书不觉已春深，一寸光阴一寸金。

——王贞白《白鹿洞二首·其一》

[表达]专心读书，不知不觉已经到了暮春时节，一寸光阴就像一寸黄金一样珍贵。这句话不光强调了读书要专心致志，也强调了时间的宝贵。

粗缯大布裹生涯，腹有诗书气自华。　　——苏轼《和董传留别》

[表达]字面意思是虽然生活当中身上包裹着粗衣劣布，但胸中有学问气质自然光彩夺人。这句话强调读书能够让人增加自信。

发奋识遍天下字，立志读尽人间书。　　　　　　——苏轼

[表达]发奋努力认识天下所有的字，立志读完人间所有的书。这句话不仅表达了苏轼对学习的热情和决心，也提醒人们要谦虚好学。

好学老益坚，表里渐融明。　　　　　——苏轼《初别子由》

[表达]喜爱学习的人随着年龄的增长会更加坚定，外表和内心会逐渐融合明晰。作者借由此句表明读书能够使人变得更加坚定和自信。

力量金句

盖士人读书，第一要有志，第二要有识，第三要有恒。

——曾国藩《曾氏家训》

表达 字面意思是人读书，第一要有志向，第二要有见识，第三要有恒心。作者借由此句表达了读书的目的和重要性，志气、见识和恒心三者缺一不可。

读书学古，粗知大义，既有觉后知觉后觉之责。

——曾国藩《曾氏家训》

表达 意思是读圣贤的书，学习古人正确的思想，大致上能够明白其中的大义，那么自己觉悟后，就有责任去启发那些没有觉悟的人觉悟。

高斋晓开卷，独共圣人语。　　　　　　——皮日休《读书》

表达 字面意思是在清晨的高雅书斋中缓缓打开书卷，独自与古代的圣贤进行心灵的对话。作者借由此句表达了对书籍的热爱和对圣贤的敬仰之情，也点明了读书的好处。

书史足自悦，安用勤与劬。　　　　　　——柳宗元《读书》

表达 字面意思是阅读史书足以使自己快乐，何必为了追求名利而劳碌呢？作者借由此句展示了他对读书之乐的推崇，并劝诫世人不要有过强的功利心。

人间岁月堂堂去，劝君快上青云路。

——辛弃疾《菩萨蛮·送曹君之庄所》

表达 字面意思是光阴匆匆而去，希望君子早点得偿所愿，登程前行。

作者借由此句表达了对后辈年轻人的关爱之情，希望他们能够实现所有读书人的梦想。

二客东南名胜，万卷诗书事业，尝试与君谋。

——辛弃疾《水调歌头·舟次扬州和人韵》

[表达]意思是你们二位都是东南的名流，胸藏万卷诗书前程无限，我也想尝试着和你们共同谋划大业。作者强调了想要为国家做出一番事业，需要有才华，需要有恒心。

从此静窗闻细韵，琴声长伴读书人。　　——李群玉《书院二小松》

[表达]意思是从此安静的书窗外便有了松声竹韵，如古琴般悦耳，在我读书之余更添了一份清幽。

汝曹学艺须勤奋，磨厉甄陶肯让人。　　——贡桂生《六十示儿》

[表达]意思是你们做学问要勤奋，要磨练自己，要培养造就自己，并养成谦让别人的习惯。

之子久好学，何患名未立。　　——梅尧臣《送白秀才福州省亲》

[表达]意思是如果一个人长久地努力学习，不用担心他的名声不会建立起来。

好学萤分照，论交雁择栖。——吴莱《忆寄方子清时子清久留吴中》

[表达]意思是喜爱学习的人如同萤火虫一样，虽然微小但能发出自己的光芒；结交朋友则要像大雁选择栖息的地方一样谨慎。

力量金句

好学勇如虎，读书青出蓝。　　　　　　——黄庭坚《送醇父归蔡》

[表达]好学如同猛虎般勇猛，读书则如同青出于蓝，表示弟子在学问上超过了老师。

想见读书头已白，隔溪猿哭瘴溪藤。　　　——黄庭坚《寄黄几复》

[表达]想你清贫自守发奋读书，如今头发已白了，隔着充满瘴气的山溪，猿猴哀鸣攀援深林里的青藤。作者借由此句表达了对朋友黄几复清贫自守、发奋读书的钦佩。

好学风犹扇，夸才俗未忘。　　　　　　——崔湜《襄阳作》

[表达]喜好学习的风习仍然盛行；对才能的夸耀和重视的习俗并没有被忘记。这句话表达了作者对好学风气的赞美和对才华的认可和尊重。

第六章
自强不息

力量金句

惩违改忿兮，抑心而自强。　　　　　　　　　——屈原《九章》

表达 书面意思是克制心中的愤恨，改掉自己的愤怒，平抑内心使自己意志坚强。这句话强调了面对困境时应该自我克制，保持坚强的决心和意志，不轻易发怒或放弃。

此心常快足宽平，是人生第一自强之道，第一寻乐之方，守身之先务也。　　　　　　　　　　　　　　　　　　　　——曾国藩《诫子书》

表达 内心常常快乐知足，宽仁公平，这就是人生首要的自强之道，最重要的寻找快乐的方法，也是做到坚守己身的根本。

知不足，然后能自反也；知困，然后能自强也。

——戴圣《虽有嘉肴》

表达 意思是知道了自己的不足，然后才能自我反省；知道了自己不懂的地方，然后才能勉励自己。

乘云兮回回，亹亹兮自强。　　　　　　　　　——王褒《九怀》

表达 意思是乘着云气啊盘旋回转，勤勉不倦啊自强不息。作者借由此句表现乘云气盘旋而上，勤勉不倦、自强不息的精神状态。

男儿立身须自强，十五闭户颍水阳。——李颀《杂曲歌辞·缓歌行》

表达 意思是一个男子要想在社会上树立自己的地位，就必须自己努力奋斗，不能依靠别人或外部因素。我从十五岁的时候，就关起门来刻苦读书。

贫贱非吾事，西游思自强。——张继《洛阳作（一作初出徽安门）》

表达 意思是贫贱的生活并不是我所追求的,我渴望通过去西边游学来提升自己。

益友相随益自强,趋庭问礼日昭彰。　　　——贯休《少监三首》
表达 字面意思是有良友相伴,人会变得更加坚强;在庭院中向长辈请教礼仪,每天都会显示出光明正大的风范。

天既职性命,道德人自强。　　　　　　——元稹《人道短》
表达 字面意思是上天赋予了每个人生命,道德使人自强不息。

富贵由身致,谁教不自强。——韩愈《送李尚书赴襄阳八韵得长字》
表达 富贵是由自身的努力和奋斗获得的,没有人能够强迫另一个人不努力向上。

此志且何如,希君为追琢。　　　　　　——韩愈《纳凉联句》
表达 意思是这个志向怎么样呢?希望你能继续追求和雕琢它。表达了对对方在追求目标方面的期望和鼓励。

行矣当自强,春耕庶秋获。

——张九龄《奉和圣制送十道采访使及朝集使》
表达 意思是应当自强不息,春天耕种秋天才能收获。作者借由此句表达了对勤劳自强品格的赞扬。

将相本无种,男儿当自强。　　　　　　——汪洙《神童诗》
表达 字面意思是王侯将相本来就不是天生的,想有作为就应该奋发图

力量金句

强。作者借由此句表达了男子应该有自己的志向并为之奋斗,不能随波逐流。

慷慨丈夫志,生当忠孝门。　　　　——汪洙《神童诗》

表达 男子汉应该有慷慨激昂的雄心壮志,应当忠于国家、孝于父母。

不鸣则已,一鸣惊人。　　　　——司马迁《史记·滑稽列传》

表达 平时表现一般,突然做出了令人惊异的业绩。后此句成为谚语,多被人用于表达自强不息,令人刮目相看。

锲而舍之,朽木不折;锲而不舍,金石可镂。

——荀子及其弟子《荀子·劝学》

表达 字面意思是如果刻几下就停止了,就连腐烂的木头也刻不断;如果不停地刻下去,那么金石也能雕刻成功。

见侮而不斗,辱也。　　　　——公孙龙《公孙龙子·迹府》

表达 字面意思是当正义遭到侮辱、欺凌却不挺身而出,是一种耻辱的表现。作者借由此句强调了君子要有自觉维护正义、坚守正道的精神。

人而不学,其犹正墙面而立。　　　　——《尚书》

表达 字面意思是人如果不学习,就像面对墙壁站着,什么东西也看不见。用来比喻不学习的人会像面对墙壁站立一样,无法看到更广阔的世界。

故天将降大任于是人也,必先苦其心志,劳其筋骨,饿其体肤,空乏其身，行拂乱其所为，所以动心忍性，曾益其所不能。

——孟子及其弟子《孟子·告子下》

表达 上天要把重任降临在某人的身上，必定要先使他的内心痛苦，使他的筋骨劳累，使他经受饥饿之苦，以致肌肤消瘦，使他的每一行动都不如意，这样来使他的心灵受到震撼，使他的性情坚忍起来，增加他所不具备的能力。

笨鸟先飞早入林，笨人勤学早成材。 ——《省世格言》

表达 字面意思是飞得慢的鸟儿提早起飞就会比别的鸟儿早飞入树林，不够聪明的人只要勤奋努力，就可以比别人早成材。这句话强调了勤奋和努力的重要性，即使先天条件不足，通过后天的努力也可以取得成功。

书到用时方恨少，事非经过不知难。 ——《增广贤文》

表达 等到真正需要用到知识的时候，才后悔自己读的书太少了；没有亲身经历过某些事情，就不会知道其中的艰难。这句话启示我们平时应当勤学好问，积累知识，这样在需要的时候才不会手忙脚乱地去查找资料。

身如逆流船，心比铁石坚。 ——李时珍《咏志》

表达 字面意思是身体就像在逆流中行走的船只，心比铁和石头还要坚硬。这句话表达了坚定的决心和不屈不挠的精神。

勿以恶小而为之，勿以善小而不为。 ——刘备《遗诏敕后主》

表达 不要因为坏事很小就去做，也不要因为善事很小就不去做。这句话强调的是个人的品德修养和道德底线，提醒我们在日常生活中时刻保持

力量金句

一颗善良的心和正确的行为准则。无论在何时何地,我们都应该坚守道德底线,坚持做好事,避免做坏事。

书痴者文必工,艺痴者技必良。　　　——蒲松龄《聊斋志异》

表达 意思是喜欢读书的人,提笔就能写出漂亮的文章;对一项技艺痴迷的人,他的技术一定是非常精良的。这句话强调了专注和痴迷于某一事物所能带来的成就。

愿言承至教,虽老当自强。——王之道《追和韦苏州诗呈周守敦义》

表达 字面意思是希望接受至高无上的教诲,即使年老也要自强不息。这句话强调了自强是一种精神,即便是年长者也可以保持自立自强。

半生藜糁只麼过,铁作脊梁宜自强。　　——吴则礼《晚饭龟山》

表达 即便是用野菜粗粮充饥,度过了半生,也依然坚强自立自强。

有志诚可乐,及时宜自强。　　——欧阳修《送慧勤归余杭》

表达 意思是拥有志向确实是件快乐的事情,有了志向就应该抓住时机奋发图强、自强不息。

为官要自强,谨勿事诡随。

——姚勉《和杨铁庵送子监镇之任韵五首(其四)》

表达 意思是做官的人应该自强不息,谨慎不要有诡诈、随波逐流的行为。作者借由这句话表明一个做人的道理,要保持自己的初心,不能随波逐流。

日来知自强，风气殊未痊。　　——高适《途中酬李少府赠别之作》

表达 意思是最近我意识到要奋发图强，但各种习惯还没有完全改变。作者借由此句表达自己愿意改正不良习惯的决心，要努力奋发图强。

弱冠负高节，十年思自强。

——高适《鲁郡途中遇徐十八录事（时此公学王书嗟别）》

表达 意思是年轻时（二十岁）就背负着高尚的节操，十年间一直努力自强不息。作者借由此句表达始终如一、坚定不移的奋发精神。

世间万事俱茫茫，惟有进德当自强。　　——陆游《自伤》

表达 世间的万事都像茫茫的宇宙一样没有边际，但只有进德修业才是我们真正应该追求和坚守的。

岁月良易得，诗昼宜自强。

——晁公溯《送李敞逆妇叙州乃予友悦夫之子也》

表达 意思是岁月很容易流逝，在日常生活中应该努力、自强。作者借由此句强调无论何时都需要自强，也强调了要珍惜时间。

图书粗足惟须读，菽粟才供且自强。　　——苏辙《简学中诸生》

表达 当书籍足够丰富时，只需要专心阅读；粮食足够供应时，应当自强不息。

世虑休相扰，身谋且自强。

——白居易《渭村退居，寄礼部崔侍郎、翰林钱舍人诗一百韵》

力量金句

表达 意思是不要让世间的烦恼打扰自己,要专注于自身的谋划并努力自强。作者借由此句强调做事要专心,才能真正变得强大。

扶摇如借便,羽翼必高翔。　　　　　　——王禹偁《投巡殿院》

表达 字面意思是如果能够借助有利的机会或条件,就像鸟儿借助扶摇直上的风力,其翅膀必然能够高高飞翔。作者借由此句表达自己的鸿鹄之志。

眼前多少难甘事,自古男儿当自强。　　　　——李咸用《送人》

表达 字面意思是不管遇到多少困难和不如意的事情,自古以来,男子汉大丈夫应当自强自立。

秋成倘可期,岁晚或自强。　　　——张栻《七月旦日晚登湘南楼》

表达 意思是如果秋季的收获可以期待,晚年的时候或许也能够自我勉励、奋发图强。作者借由此句表达年轻时要努力,到了晚年才能够有所收获。

胜人者有力,自胜者强。　　　　　　　　——老子《道德经》

表达 意思是能够战胜别人的人是有力量的,而能够战胜自己的人才是真正的强者。这句话强调了自我超越和自我控制的重要性。

千里之行,始于足下。　　　　　　　　　——老子《道德经》

表达 意思是千里的路要从第一步开始,比喻事情是从头做起,逐步进行的。

一思尚存，此志不懈。　　　　　　　　　　——胡居仁

表达 意思是只要还有一口气在，就不能放弃自己的理想和追求。这句话强调了对个人理想的执着追求，鼓励人们要有坚定的信念和毅力。

益重青春志，风霜恒不渝。　　　　　——李隆基《赐新罗王》

表达 更加注重保持自己的崇高志向，即使风霜交加境遇严酷也不会改变。

志比精金，心如坚石。　　　　　　　——冯梦龙《警世通言》

表达 意志像金子一样坚硬，心肠像铁石一样坚定。这句话用来比喻一个人的意志非常坚决，心志坚定，不易动摇。

志以成道，言以宣志。　　　　——王通《中说·卷五·问易篇》

表达 这句话的意思是志向是用来成就事业的，语言是用来抒发志向的。强调了志向和语言在成就事业和表达志向中的重要作用。

纵使岁寒途远，此志应难夺。

——李纲《六幺令·次韵和贺方回金陵怀古鄱阳席上作》

表达 字面意思是即使环境险恶、困难重重，这份志向也难以被改变。作者借由此句表达了一种坚韧不拔、不屈不挠的精神，即使面临极大的困难和挑战，也要坚持自己的志向和目标。

此志傥不遂，何用空言传。　　　　——傅察《同七史寄二李》

表达 意思是如果这个志向不能实现，那么说再多漂亮话又有什么用呢？这句话强调了行动比言语更重要，如果只是空谈而不付诸实践，根本

就是枉谈。

人事固莫定，此志诚不苟。　　　——范纯仁《北游寄崔象之》

[表达]人的离合、境遇、存亡等情况固然无法确定，但他的个人志向是真诚而不随便的。

优游黄卷有余欢，此志不回端截铁。

——邓肃《和谢吏部铁字韵三十四首·和谢吏部》

[表达]意思是在书卷中悠闲自在地阅读，感到无比快乐，这种志向坚定不移，如同铁一般不可动摇。

此志已沟壑，馀命终岩墙。　　　——文天祥《壬午》

[表达]意思是我的志向已经埋葬在沟壑之中，剩余的生命也将终结在岩墙之下。这句话表达了文天祥在面对国家危难时的悲壮情感和坚贞不屈的精神。

鄙夫此志相依，生涯稊稗同微。　——晁补之《题惠崇画四首·冬》

[表达]我虽然是一个庸俗浅陋的人，但我的志向依然坚定，我的生活虽然微不足道，但我依然坚守自己的志向，不与世俗同流合污。

终始义不负，此志日月光。——陈增寿《题刘幼云先生潜庐读书图》

[表达]从开始到结束，始终都不会违背道义，这份志向如同日月般光明。

不然举此志，中有浩气怡。　　——曹勋《感齿发之衰作诗自解》

力量金句

[表达]意思是不这样做的话,这个志向就无法实现,但心中却充满了浩然之气,并因此感到愉悦。

只此志,誓无负。　　　　　——孙承恩《贺新郎·六十初度自寿》

[表达]意思是立下誓言决不变心,坚守自己的志向,不辜负自己的初心。表达了诗人对自己志向的坚守和对未来的坚定信念。

男儿贵自强,奋发不可迟。　　　　　——孙承恩《示子效玉川子》

[表达]男子汉应当依靠自己的力量变得强大,振作精神,努力向上,不能拖延。

谁为亮此志,独夜成长谣。　　　　　——毛国翰《斋夜独吟》

[表达]意思是谁能理解我的志向,我只能在深夜独自吟唱长歌来表达我的志向。

男儿遇合自有秋,此志宁为温饱休。　　——廖行之《和游子叹》

[表达]意思是男子汉大丈夫总会有遇到合适时机的时候,他的志向绝不会因为温饱而满足。强调了男子汉要拥有成就事业的信心和对理想的执着追求。

功名祇向马上取,真是英雄一丈夫。

——岑参《送李副使赴碛西官军》

[表达]意思是功名富贵只从马上征战去求取,您不愧是一位英雄大丈夫。作者借由这句话表达了诗人对友人李副使英雄气概的赞美。

力量金句

恒令此志存，会见长材展。　　——吴与弼《黄广文为仆趣装》

表达 只要始终保持这种志向，就一定会展现出卓越的才能。

丈夫志，当景盛，耻疏闲。　　——苏舜钦《水调歌头·沧浪亭》

表达 意思是胸怀着干一番事业的大志，如今正当身强力壮的年华，耻于隐居水乡。

大丈夫言出无差，轻言寡信休要耍。

——贾仲明《升仙梦》

表达 真正的男子汉说话算数，不要轻易许诺而又不守信用。

丈夫身在要有立，逆虏运尽行当平。

——陆游《题醉中所作草书卷后》

表达 意思是有志男儿当建立功业，有所立身，金人侵略者的命运已尽，很快就会被平定。

丈夫皆有志，会见立功勋。　　——杨炯《出塞》

表达 意思是大丈夫都有远大的志向，应当为国建立功勋。这句话强调了男子汉都要有远大的志向。

丈夫只手把吴钩，意气高于百尺楼。　　——李鸿章《入都》

表达 大丈夫只手就能拿起吴钩这样的兵器，意气风发，胸怀壮志，比百尺高楼还要高。

须是英雄大丈夫，了然胸中无一物。　　——白玉蟾《万法归一歌》

表达 意思是应当做英雄般的大丈夫,心中没有任何杂念。作者借由此句强调内心的纯净和无所挂碍的精神状态。

生当为大丈夫,断羁罗,出泥涂。　　　　——皇甫湜《出世篇》

表达 意思是我应当成为一个大丈夫,斩断束缚我的羁绊,走出污浊的环境。

丈夫落落掀天地,岂顾束缚如穷囚。　　　　——王守仁《啾啾吟》

表达 意思是真正的男子汉胸怀广阔,气度非凡,不会因为世俗的束缚而感到困扰,就像一个被囚禁的人不会在意外界的牢笼一样。这句话强调内心的力量和自我实现的重要性。

丈夫意如此,不学腐儒酸。　　　　——于谦《处世若醉梦》

表达 大丈夫应该有这样的志向,不应该效仿那些迂腐的读书人。作者借由这句话表现内心的孤傲和不拘小节。

我生直欲全忠节,不愧人间大丈夫。

——罗贯中《宋太祖龙虎风云会》

表达 我这一生一直想要保全忠诚和气节,无愧于做一个顶天立地的男子汉。

丈夫秉壮节,自信无终穷。　　　　——程公许《县斋秋怀》

表达 意思是大丈夫秉持着壮烈的节操,坚信自己无论遭遇何种困境都不会走到穷途末路。作者借由此句强调大丈夫需要有自信和原则。

力量金句

丈夫当如此，唯唯何足荣。　　　　　——卢照邻《咏史四首》

[表达]意思是真正的男子汉应该像季布那样刚毅忠直、坦荡平直，而那些唯唯诺诺、随波逐流的人则不值得夸赞。

大丈夫所守者道，所待者时。　　　　——白居易《与元九书》

[表达]一个正人君子内心有道义的准则，时机来了，就大展鸿图，实现自己的抱负；时机未到，则安守本分，静待时机。这句话传达了一种在人生中坚守信念、顺应时势的智慧。

寄言丈夫雄，苦乐身自当。　　　　——李益《从军有苦乐行》

[表达]意思是作为大丈夫无论生活赋予你多少苦涩与欢乐，都应勇敢承担，因为这是你自己的人生旅途。

子今挟书行，有志当灌沃。　　——宋濂《送陈彦正教授之官富州》

[表达]你现在带着书籍远行，应当立志像灌溉田地一样，勤奋学习，不断充实自己。

人生各有志，万物不能夺。　　　　——陈普《寿龙津余此溪》

[表达]每个人各自有不同的志向和愿望，这些志向和愿望是不能被外界事物所改变的。

第七章 心灵寄托

力量金句

日月长，天地阔，闲快活！　　　　　　——关汉卿《四块玉·闲适》

表达 意思是日月漫长，天地宽广，休闲的日子好快活。作者借由此句反映了比天地更宽广的心境，以及对悠闲自在生活的向往和满足。

适意行，安心坐，渴时饮，饥时餐，醉时歌，困来时就向莎茵卧。

——关汉卿《四块玉·闲适》

表达 字面意思是想走就轻轻松松地走，想坐就安安静静地坐。渴了就喝，饿了就吃，酒喝醉了就唱几曲山歌，困了就在草地上躺一躺。作者借由此句表达了一种豁达的生活态度。

莫愁千里路，自有到来风。　　　　　——钱珝《江行无题一百首》

表达 字面意思是不要担忧人生的漫漫长路，自然会有风到来。作者借由此句诗勉励人们不要担心人生中的艰难险阻，相信总会有解决的办法。

馀花犹可醉，好鸟不妨眠。　　　　　　　　——唐庚《醉眠》

表达 意思是虽然春天已经接近尾声，只剩下几枝残花，但仍然可以借酒赏花；鸟儿婉转的啼鸣，并不妨碍我安眠。

此时情绪此时天，无事小神仙。

——周邦彦《鹤冲天·溧水长寿乡作》

表达 意思是此时的情绪像此时的天空一样晴朗明媚，就像天上没事可做的小神仙一样悠闲快活。

放开怀抱不须焦，万事付之一笑。——冯取洽《西江月·太岁日作》

表达 意思是不要过于焦虑人生中的困难和挑战，保持一颗平常心，微笑面对生活中的一切。作者借由此句强调积极乐观、超然外物的生活态度，以及对于人生深刻而豁达的理解。

忽闻梅福来相访，笑着荷衣出草堂。　　——胡令能《喜韩少府见访》

表达 意思是突然听说像梅福那样的清廉官员韩县尉驾临寒舍，前来拜访我。我立马笑嘻嘻地穿上隐士的衣裳，走出草堂迎接。作者借由此句强调了有志同道合之人前来拜访的喜悦之情，强调了友情和知己的重要性。

枫叶芦花满钓船，水风清处枕琴眠。　　——吴则礼《诗一首》

表达 意思是枫叶和芦花装饰着钓鱼的小船，水面微风轻拂，我枕着琴声在清水中休息。作者用此句表明了人能够在美好的景物中得到心灵的宁静。

贪啸傲，任衰残，不妨随处一开颜。

——陆游《鹧鸪天·家住苍烟落照间》

表达 书面意思是贪图逍遥自在的生活，任凭自己衰老，不妨在各个地方都能开心地笑。作者借由此句强调了随遇而安、乐观豁达的生活态度。

自歌自舞自开怀，无拘无束无碍。

——朱敦儒《西江月·日日深杯酒满》

表达 字面意思是自己唱歌、自己跳舞，这种自由自在的感觉使心情非常愉快，没有任何束缚和烦恼。作者借此传达了一种自我愉悦、自我释放的情感，展现出自由奔放、豁达乐观的精神风貌。

力量金句

春酒香熟鲈鱼美，谁同醉？缆却扁舟篷底睡。

——李珣《南乡子·云带雨》

表达 意思是春天的美酒已经酿成，香气扑鼻；鲈鱼也已肥美可口，有谁愿意与我一同沉醉呢？不如就系好扁舟，躲进船篷里睡一觉吧。作者借由此句表达自己对自然与生活的热爱和向往。

酒盈杯，书满架，名利不将心挂。 ——李珣《渔歌子·荻花秋》

表达 意思是面对满盈的酒杯，望着满架的书籍，我已心满意足，不用再将名利牵挂。作者借由此句表达自己淡泊名利、享受生活的美好心境。

轻生一快意，波浪五湖中。 ——晁冲之《夜坐》

表达 意思是享受一份轻松自在的快意，仿佛在五大湖的波浪中自由漂荡。

细雨潇潇欲晓天，半床花影伴书眠。 ——张坚《偶成》

表达 意思是在下雨天里，我半躺在床边，闻着花香看着书，一阵困意袭来，我悠哉地入睡。作者用一幅非常美好的生活画卷表达了自己热爱生活、享受生活的情怀。

两人对酌山花开，一杯一杯复一杯。 ——李白《山中与幽人对酌》

表达 字面意思是我们两人在盛开的山花丛中对饮，酒兴颇浓，一杯又一杯，真是乐开怀。作者借由此句表达自己和朋友能够赏花畅饮的欢欣之情。

但使主人能醉客，不知何处是他乡。　　　——李白《留客中作》

[表达]字面意思是只要主人能让我醉倒，我便不知何处是异乡，心中充满欢喜与归属感。作者借由此句表达了自己豁达洒脱，不拘小节。

一饮涤昏寐，情来朗爽满天地。　　——皎然《饮茶歌诮崔石使君》

[表达]书面意思是喝上一杯茶，可以洗去疲惫和昏沉，心情变得开朗，仿佛整个世界都变得明亮起来。作者借由此句表达了自己对茶的喜爱，喝一杯茶能够令他精神焕发。

半欲天明半未明，醉闻花气睡闻莺。　　　　——元稹《春晓》

[表达]意思是黎明时分半明半暗，醉醺醺地闻到花香，又沉沉睡去，耳边传来黄莺的歌唱。作者借由此句表达了对美好时光的喜爱之情，赞美了春天万物复苏的美好。

偶来松树下，高枕石头眠。　　　　　　——太上隐者《答人》

[表达]字面意思是我偶尔会来到松树下，头枕石头睡觉。作者借由此句表达自己偶尔去松树下放松心情，是一件多么惬意的事情。

而今何事最相宜，宜醉宜游宜睡。

——辛弃疾《西江月·示儿曹以家事付之》

[表达]书面意思是如今对于我来说，一天做些什么事最为适宜呢？那就是饮酒、游览、睡觉。作者借由此句表达自己晚年的悠闲生活和闲散心态。

力量金句

午醉醒时,松窗竹户,万千潇洒。

——辛弃疾《丑奴儿近·博山道中效李易安体》

表达 意思是午间酒醉醒来时,窗外的苍松翠竹郁郁葱葱,一切显得格外清静悠闲,心神舒畅自然。野鸟飞来飞去,自由自在。

唤取笙歌烂漫游,且莫管闲愁。

——辛弃疾《武陵春·桃李风前多妩媚》

表达 意思是叫人取来笙,唱着歌随意游玩,暂且不管人世间的无端愁思。作者借由此句表达及时行乐、暂忘忧愁的思想情趣,轻松活泼,饶有趣味。

把酒祝东风,且共从容。 ——欧阳修《浪淘沙·把酒祝东风》

表达 意思是端起酒杯向东风祈祷,请你再留些时日不要匆匆离去。作者借由此句表达在郊游途中想要留住这美好时光的心境。

我来携酒醉其下,卧看千峰秋月明。

——欧阳修《琅琊山六题·石屏路》

表达 我带着酒来到这里,沉醉在这片宁静与美丽之中。我躺下,仰望那秋月明亮的天空,千峰万壑在月光的映照下显得更加神秘而壮丽。作者借由此句表达了对自然景观的赞美和对远离世俗的向往之情。

莼菜鲈鱼方有味,远来犹喜及秋风。

——欧阳修《初出真州泛大江作》

表达 意思是家乡的莼菜和鲈鱼味道正鲜美,远方归来的我更喜欢秋天的凉风。作者通过对家乡美食美景的描述,表达了自己对家乡的思念。

游人莫笑白头醉,老醉花间有几人!

——刘禹锡《杏园花下酬乐天见赠》

表达 意思是游人们不要嘲笑我这白发苍苍的老翁在花间醉酒,像我这样年老还能在花间沉醉的人并不多。作者借由此句表达内心的豁达和不拘小节。

老夫惟有,醒来明月,醉后清风。

——元好问《人月圆·卜居外家东园》

表达 意思是老夫我所要做的,只是清早醒来,欣赏那将落的明月;酒醉之后,享受那山间的清风拂面而过。作者借由此句表达了自己对自然美景的欣赏和对生活的淡然态度。

山一带,水一派,流水白云长自在。

——沈蔚《天仙子·景物因人成胜概》

表达 字面意思是山峦连绵,水流蜿蜒,流水潺潺,白云悠悠,一切都显得那么自在逍遥。这句话表达了诗人对自然美景的赞美和对自由自在生活的向往。

扫却石边云,醉踏松根月。星斗满天人睡也。

——吴西逸《清江引·秋居》

表达 扫去石边的云雾,踏碎松树下的月光,醉意正浓,在满天星斗之下进入梦乡。作者描述的是自己秋游时在大自然的怀抱中酣然入睡的美好情景。

茅屋数间窗窈窕。尘不到，时时自有春风扫。
——王安石《渔家傲·平岸小桥千嶂抱》

表达 字面意思是在山脚下，有几间简陋的茅草屋，窗户幽深美妙，没有尘埃，因为时常有和煦的春风来清扫。作者借由此句表达了对隐逸生活的向往和对世事的超然态度。

细数落花因坐久，缓寻芳草得归迟。 ——王安石《北山》

表达 意思是久坐花下，细数落花片片，悠然寻芳，归途虽迟，却沉醉于这芳草萋萋的美景之中，忘了时间。作者用此句表达了自己欣赏美景、享受生活的愉悦心情。

用舍由时，行藏在我，袖手何妨闲处看。
——苏轼《沁园春·孤馆灯青》

表达 意思是被任用或者不被任用都取决于时运，出仕或者隐退都由自己决定，不妨闲处袖手看风云。作者借由此句感叹人生，却也强调了自己对未来的豁达态度。

几时归去，作个闲人。 ——苏轼《行香子·述怀》

表达 书面意思是何时能归隐田园，不为国事操劳，做个清闲无事的人。作者借由此句表达了自己想要归隐山林过平淡日子的心愿。

有谪仙公子，依山傍水，结茅筑圃，花竹森然。
——夏元鼎《沁园春·敢隐默》

[表达]字面意思是有一位像谪仙般的公子，依山傍水而居，搭建茅屋、修筑园圃，周围花竹茂盛，这种诗意而美好的环境，让人心生向往。作者借由此句展现了自己对隐逸生活的热爱和向往。

口不能言，心下快活自省。　　　　　　——黄庭坚《品令·茶词》

[表达]意思是此种妙处只可意会，不可言传，唯有饮者才能体会其中的情味。作者借由此句描写了饮茶的快意感受。

陶然无喜亦无忧，人生且自由。

——张抡《阮郎归·寒来暑往几时休》

[表达]意思是在闲适欢乐的日子里，没有大喜大悲，达到了这种境界，人生应该是自由的吧。作者借由此句表明淡然的生活态度，想要充分体验生命的自由与广阔，不受世俗名利的束缚，活出真我。

争奈暮秋花事断，闲窗惊喜蜡梅开。

——王彦泓《和于氏诸子秋词·其二》

[表达]意思是暮秋时节以为花都落了，打开窗子却惊喜地发现蜡梅开了。作者借由这种细节展现了生活的美好和随处可见的惊喜。

家住苍烟落照间，丝毫尘事不相关。

——陆游《鹧鸪天·家住苍烟落照间》

[表达]意思是我家住在有着苍茫如烟的云气和夕阳晚照的乡间，与世上的事情毫不相关。作者借由此句描述了自己远离尘嚣的宁静心态。

归来独卧逍遥夜，梦里相逢酩酊天。

——晏几道《鹧鸪天·手捻香笺忆小莲》

表达意思是独自归来后躺在床上，享受着自由自在的夜晚，在梦中与朋友相遇，喝得酩酊大醉。作者借由此句表达了对闲适生活的向往和对美好梦境的留恋。

茶一碗，酒一尊，熙熙天地一闲人。 ——王柏《夜宿赤松梅师房》

表达只需一碗茶、一樽酒，我就能在熙熙攘攘的天地间悠然自得，仿佛是一个闲人。这句话表达了作者对简单生活的向往和对自由的追求。

日上三竿我独眠，谁是神仙，我是神仙。

——张养浩《山坡羊·一个犁牛半块田》

表达意思是太阳都已经升得很高了，我还在独自睡觉，谁是神仙呢？我就是神仙啊。作者借由此句表达了睡懒觉这个行为带来的内心满足感，也表达了自己快乐似神仙的愉悦心情。

因过竹院逢僧话，又得浮生半日闲。 ——李涉《题鹤林寺僧舍》

表达意思是在游览一个种满竹子的寺院时，无意中与一位高僧闲聊了很久，难得在这纷扰的世事中暂且得到片刻的清闲。

睡起莞然成独笑，数声渔笛在沧浪。 ——蔡确《夏日登车盖亭》

表达意思是醒来后自己都觉得开心，耳边传来几声沧浪中的悠扬渔笛，心中涌起一股宁静与喜悦。

一生大笑能几回，斗酒相逢须醉倒。

——岑参《凉州馆中与诸判官夜集》

表达 意思是人生中能有几回开怀大笑？与好友相逢时定要斗酒畅饮，醉倒方休，尽享这难得的欢聚时光。作者借由此句表达了能够和好友相聚畅饮有多么愉快。

闲坐小窗读周易，不知春去几多时。　　——叶采《暮春即事》

表达 闲坐窗前品读周易，不知不觉间春已逝去多时，仿佛时间在这一刻静止。作者借由此句表达了阅读心爱的书籍时内心的满足感。

世事浮云何足问，不如高卧且加餐。　　——王维《酌酒与裴迪》

表达 世事如浮云般变幻无常，何必过分挂怀？不如安心高卧、享受美食，享受这悠闲自在的生活。作者借由此句表达了自己充分享受生活的乐趣。

独在异乡为异客，每逢佳节倍思亲。

——王维《九月九日忆山东兄弟》

表达 意思是独自远离家乡难免有一点凄凉，每到重阳佳节倍加思念远方的亲人。作者借由此句表达了自己的思乡之情，尤其是到了重要节日时，这种情绪更是到达了顶点。

须信百年俱是梦，天地阔，且徜徉。

——邵亨贞《江城子·癸丑岁季下浣，信步至渔溪潘氏庄》

表达 意思是人生百年皆是梦境，天地如此广阔，何不放下烦恼，尽情

力量金句

徜徉其中，享受这美好的时光。作者通过描述内心的感受，传达出一种超脱和释怀的情感。

细推物理须行乐，何用浮名绊此身。　　　　——杜甫《曲江》

表达 字面意思是仔细推究事物的道理，应当及时行乐，何必让浮名羁绊住自己的身体和心灵呢？作者表现出的洒脱与豁达让人心生向往。

露从今夜白，月是故乡明。　　　　——杜甫《月夜忆舍弟》

表达 字面意思是今夜露水开始透出秋凉之意，明月还是故乡的更明亮。作者借由此句表达了思念故乡之情。

白日放歌须纵酒，青春作伴好还乡。——杜甫《闻官军收河南河北》

表达 意思是在白天时，我要纵情高唱，把酒言欢；有美好景色做伴，正好让我返回家。作者借由此句表达了最开心、最得意的事情莫过于回家了。

升堂坐阶新雨足，芭蕉叶大栀子肥。　　　　——韩愈《山石》

表达 意思是雨后初晴，我登上厅堂，坐在台阶上欣赏这雨后的美景。只见芭蕉叶长得更加宽大，栀子花也开得更加肥硕。作者通过描述清新的雨后景象，让人感受到心情愉悦，雨水把所有的烦恼都冲刷干净了。

清谈可以饱，梦想接无由。

——韩愈《洞庭湖阻风赠张十一署·时自阳山徙掾江陵》

表达 意思是空谈闲聊虽然可以暂时得到精神上的满足，但平生的梦想却无法实现。作者借由此句表达了梦想不能实现的感伤之情。

忽得故人书，惊喜或不寐。　　　　——张九成《彦执赏予诗》

表达 意思是忽然收到老友的来信，惊喜之情难以言表，甚至因此夜不能寐。作者借由此句表达了友情的珍贵，能够让人心生感慨与温暖。

春色满园关不住，一枝红杏出墙来。　　——叶绍翁《游园不值》

表达 满园的春色是关不住的，一枝红杏已经伸出墙外。这句诗生动地描绘了春天的生机与活力，以及生命的力量无法被束缚的真理。

心知故人到，惊喜不食言。　　　　　——苏辙《龙川道士》

表达 知道老友即将到来，惊喜之情难以言表，老友果然没有食言。作者借由此句表达了对友情的珍视与期待，让人感受到人与人之间的深厚情谊。

从此唯行乐，闲愁奈我何。　　　　——李建勋《春日东山正堂作》

表达 从今以后只追求快乐，那些无端的忧愁又能把我怎么样呢？这句话展现了诗人对快乐生活的追求，以及对忧愁的蔑视，体现了一种积极向上的人生态度。

茶鼎熟，酒卮扬，醉来诗兴狂。　　　——张大烈《阮郎归·立夏》

表达 茶鼎中的水已经沸腾，举起酒杯畅饮，醉意中诗兴大发。饮酒品茶、诗兴盎然的生活方式，谁会不羡慕呢。作者借由茶、酒等具体的生活细节展现了惬意的心态。

力量金句

纵浪大化中，不喜亦不惧。　　　　　　——陶渊明《形影神三首》

[表达]意思是听从天的安排，顺其自然，不因长生而喜，也不因短寿而悲。作者借由此句表达了平平淡淡就是真的生活态度。

采菊东篱下，悠然见南山。　　　　　　——陶渊明《饮酒·其五》

[表达]意思是在东篱之下采摘菊花，悠然间，那远处的南山映入眼帘。作者通过这句话表达向往自然、追求自由和平静的思想境界。

醲肥辛甘非真味，真味只是淡。　　　　——洪应明《菜根谭·概论》

[表达]意思是浓烈肥美辛辣甘甜的食物并不是真正的美味，真正的美味是清淡的。作者借由此句不仅描述了饮食的哲学，也反映了人生的智慧：事物的表象或许炫目、浓烈，而回归本质往往是平淡朴实的。

林间即是长生路，一笑原非捷径。——张炎《摸鱼子·高爱山隐居》

[表达]字面意思是在林间隐居就是寻求长生之道，而这一切并非是为了走捷径。作者通过此句表达了对隐居生活的向往和对人生道路选择的深刻思考。

布衣得暖真为福，千金平安即是春。　　　　　——《增广贤文》

[表达]书面意思是老百姓觉得只要吃饱穿暖就是真正的幸福；平安二字值千金，只要家人平安，生活就有希望。作者通过此句表达了普通百姓最想要的生活状态，即安稳的生活比物质财富更为宝贵。

身心安处为吾土，岂限长安与洛阳。　　　　——白居易《吾土》

[表达]意思是我的故乡不限于一个固定的地方，只要能让身心安宁的地

方，就是我的家乡，不管它是长安还是洛阳。作者借由此句表达自己不愿再在官场里沉沦，更希望回归平淡和安宁。

心与身俱安，何事能相干。　　　　　　　——邵雍《心安吟》

表达 当心灵和身体都处于安宁的状态时，还有什么事情能够干扰到我们呢？

世路如今已惯，此心到处悠然。　　——张孝祥《西江月·丹阳湖》

表达 意思是人生道路上的曲折、沉浮我已习惯，无论到哪里，我的心一片悠然。作者借由此句表现出对世事的无尽感慨和对生活的超然态度。

心安即是长生路，世乐无过自在身。——陈瓘《寄题黄及之谷神馆》

表达 字面意思是心境安宁便是通往长生的途径，这世间最大的快乐莫过于能够自由自在地生活。作者借此传达出超脱物质追求、注重精神自由和内心平静的生活态度。

古今多少事，都付笑谈中。　　——杨慎《临江仙·滚滚长江东逝水》

表达 意思是古往今来的许多事迹，最终都成为人们茶余饭后的谈资。这句话表达了对历史变迁和人生无常的深刻感悟，强调了人生的短暂和历史的无情。

谁言寸草心，报得三春晖。　　　　　　　——孟郊《游子吟》

表达 意思是有谁敢说，子女像小草那样微弱的孝心，能够报答得了像春晖普泽的慈母恩情呢。作者借由此句表达了对母亲深厚伟大的母爱的感激之情。

力量金句

金风玉露一相逢，便胜却人间无数。——秦观《鹊桥仙·纤云弄巧》

[表达]字面意思是在秋风白露的七夕相会，就胜过尘世间那些长相厮守却貌合神离的夫妻。作者借由此句表达了爱情的高尚纯洁和超凡脱俗。

落花无言，人淡如菊。——司空图《诗品二十四则·典雅》

[表达]意思是花片轻落，默默无语，幽人恬淡，宛如秋菊。作者借此句描绘了淡泊名利、宁静致远的生活态度。

明月松间照，清泉石上流。——王维《山居秋暝》

[表达]意思是明亮皎洁的月光穿透松枝洒落大地，清澈的泉水在石上潺潺流淌。作者通过描述一幅宁静致远的画面来表达内心的澄净与世事的淡泊之美。

行到水穷处，坐看云起时。——王维《终南别业》

[表达]字面意思是行至水流尽头处安然坐下，静观云雾升腾变幻。作者通过此句展现了自己以豁达超脱的人生态度寄于山水之间，寓意着随遇而安、顺应自然的生活哲学。

落霞与孤鹜齐飞，秋水共长天一色。——王勃《滕王阁序》

[表达]落霞与孤雁一起飞翔，秋天的江水和辽阔的天空连成一片，浑然一色。作者借由描绘场景来寓意人生的壮志豪情与天地万物的和谐共生。

海内存知己，天涯若比邻。——王勃《送杜少府之任蜀州》

[表达]字面意思是只要有知心朋友，即便在天涯海角，也感觉就像近邻一样。作者借由此句表达了友情的重要性。

海上生明月，天涯共此时。　　　　　　　——张九龄《望月怀古》

[表达]意思是海上冉冉升起一轮明月，天涯各处此刻共同仰望。作者借由此句传达了无论距离多远，人们的情感可以跨越千山万水相互呼应的深情厚意。

今朝有酒今朝醉，明日愁来明日愁。　　　　　——罗隐《自遣》

[表达]字面意思是今日有酒就应尽情欢饮，明日的忧愁明日再愁。作者强调了活在当下的豁达态度，不为未知的未来忧虑，享受眼前的欢乐，体现出一种乐观洒脱的人生态度。

我有一瓢酒，可以慰风尘。　　　　　　　　——韦应物《简卢陟》

[表达]意思是我手握这一瓢醇酒，足以慰藉旅途中的风尘仆仆。作者借由此句描述了用一杯美酒洗涤心灵疲惫的情感，展示出文人墨客之间的温情和诗意生活情调。

遇酒且呵呵，人生能几何。　　　　　　　　——韦庄《菩萨蛮》

[表达]字面意思是遇见美酒便笑逐颜开，人生能有多少这样的快乐时光？作者借由此句感慨人生短暂，需要及时行乐。

与谁同坐，明月清风我。　　　　　——苏轼《点绛唇·二之一》

[表达]意思是在这静谧的时刻，陪伴我的唯有皎洁的明月和清爽的微风。作者借由此句描绘出一个人独处时的宁静与自在，展现出内心世界的丰富与独立。

力量金句

我本渔樵孟诸野，一生自是悠悠者。　　　　——高适《封丘作》

[表达]字面意思是我原本是孟诸野外的一介渔夫樵者，一生都悠然自得。作者借由此句抒发自己向往田园生活的恬淡情怀，同时表达出内心深处对于自然与自由的渴望。

一片闲云任卷舒，挂尽朝云暮雨。

——胡祗遹《沉醉东风·赠妓朱帘秀》

[表达]意思是它像一片自由的彩云，无牵无挂，能屈能伸，经历了多少朝云暮雨，却不着一点印痕。此句借由云卷云舒的景象，寄托了词人洒脱不羁、笑对人生起伏的情感哲思。

何须更问浮生事，只此浮生是梦中。　　　　——鸟窠《无题》

[表达]意思是何必再在意这空虚不实的人生之事，这大千世界、人生都像是一场梦。这句诗表达了诗人对人生的淡泊和超然态度，揭示了人生的短暂和虚幻。生命如梦，世事如烟，不值得过多的追求和执着。

人生若得如云水，铁树开花遍界春。　　　——释守净《偈二十七首》

[表达]意思是如果人的生活能够像云和流水一样自然、洒脱，那么即使像铁树开花这样的奇迹也会发生，整个世界都会充满生机和美好。

第八章
内心强大

力量金句

智者不必仁，而仁者则必智。　　　　　——蒲松龄《聊斋志异》

表达 字面意思是有智慧的人不一定有仁爱之心，而有仁爱之心的人一定是智者。作者借由此句强调了仁者和智者的不同特质。

穷则独善其身，达则兼济天下。——孟子及其弟子《孟子·尽心上》

表达 一个人在不得志的时候，就要洁身自好，注重提高个人修养和品德；一个人在得志显达的时候，就要想着造福天下百姓。这句话强调了一个人的个人修养和社会责任。

老吾老，以及人之老；幼吾幼，以及人之幼。

——孟子及其弟子《孟子·梁惠王上》

表达 尊敬、爱戴别人的长辈，要像尊敬、爱戴自己长辈一样；爱护别人的儿女，也要像爱护自己的儿女一样。体现了孟子提出的"推恩"思想，即从自己出发，推己及人，关爱他人。

仰不愧于天，俯不怍于人。　　——孟子及其弟子《孟子·尽心上》

表达 书面意思是做人要光明磊落，问心无愧。作者借由此句表达君子坦荡荡的气魄。

君子坦荡荡，小人长戚戚。　　——孔子及其弟子《论语·述而篇》

表达 书面意思是君子心胸宽广、光明磊落，而小人则心胸狭隘、斤斤计较。这句话描述了君子因为心胸宽广、光明磊落，所以能够无所畏惧地面对生活中的挑战；而小人因为心胸狭隘、斤斤计较，常常忧愁烦恼。

不患人之不己知，患不知人也。　　——孔子及其弟子《论语·学而》

表达 字面意思是不要担心别人不了解自己，只担心自己不了解别人。因为通过了解他人，可以更好地与人相处，实现和谐的人际关系。孔子鼓励弟子积极入世，从政的一个基本门路在于使别人了解自己，而要做到这一点，首先需要了解别人，这就是所谓的"换位思考"。

不义而富且贵，于我如浮云。　　——孔子及其弟子《论语·述而》

表达 意思是通过不正当的手段获得的财富和地位，对我来说就像天上的浮云一样，毫无意义。作者借由此句提醒人们在追求财富和地位时，要坚守道德和正义，不能为了眼前的利益而放弃长期的道德原则。

非淡泊无以明志，非宁静无以致远。　　——诸葛亮《诫子书》

表达 字面意思是不把眼前的名利看得清淡就不会有明确的志向，不能静下心来全神贯注地学习就不能实现远大的目标。作者借由此句强调在追求目标时，要保持内心的平静和专注，不被外界的诱惑和干扰所动摇。

天下皆知取之为取，而莫知与之为取。

——范晔《后汉书·列传·桓谭冯衍列传上》

表达 字面意思是人们都认为只有获取别人的东西才是收获，却不知道给予别人也是一种收获。作者以此表达人类生存与发展的因果关系，任何事物的获取都是以给予和付出为前提的。

君子之交淡若水，小人之交甘若醴。——庄子《庄子·外篇·山木》

表达 字面意思是君子之间的交往像水一样清淡，小人之间的交往像甜酒一样甘浓。作者借由此句表达了对友情的看法。

山重水复疑无路，柳暗花明又一村。　　　——陆游《游山西村》

[表达]字面意思是山峦重叠水流曲折正担心无路可走，柳绿花艳忽然眼前又出现一个山村。作者借由此句比喻在遇到困难、一种办法不行时，可以用另一种办法去解决，通过探索去发现答案。

世事短如春梦，人情薄似秋云。

——朱敦儒《西江月·世事短如春梦》

[表达]意思是世事短暂，如春梦一般转瞬即逝。人情淡薄，就如秋天朗空上的薄云。作者用这句话表达了词人对人生的无限感慨。

人生得意须尽欢，莫使金樽空对月。　　　——李白《将进酒》

[表达]字面意思是人生得意之时就应当纵情欢乐，不要让这金杯无酒空对明月。作者通过此句表达了及时行乐的观点，颇为乐观好强。

古来存老马，不必取长途。　　　　　　　——杜甫《江汉》

[表达]意思是自古以来养老马是因为其智慧可用，而不是为了取其体力，跋涉长途。作者借由此句表达了自己虽然年老，但仍然可以发挥自己的智慧和经验。

今日听君歌一曲，暂凭杯酒长精神。

——刘禹锡《酬乐天扬州初逢席上见赠》

[表达]字面意思是今天听了你为我吟诵的诗篇，暂且借这一杯美酒振奋精神。作者借由此句表现出勇于重新投入生活的豪放气魄和乐观积极的

精神。

人心生一念，天地悉皆知。　　　　　　——吴承恩《西游记》

[表达] 人心只要产生一个念头，不管是善是恶，天地鬼神都知道。作者通过此句告诫人不可生坏心，要对世界和他人心怀善念。

遇饮酒时须饮酒，青山偏会笑人愁。　　　　——唐寅《无题》

[表达] 在遇到可以饮酒的时候就要畅饮，因为在这绿水青山间，就连大自然似乎都在以它的秀美嘲笑我们的忧虑，告诉我们与友共醉，愁绪自然会消散。作者通过此句表达一种豁达洒脱、及时行乐的生活态度。

随富随贫且欢乐，不开口笑是痴人。　　　　——白居易《对酒》

[表达] 意思是不论贫穷还是富有，都应该保持欢乐的心情，如果不常开口笑，那就是愚蠢的人。作者借由此句强调人生的短暂和无常，提醒人们不要在琐事上斤斤计较，而是应该放宽胸怀，强大内心。

莫愁前路无知己，天下谁人不识君。　　　　——高适《别董大》

[表达] 意思是不要担心前方的路上没有知己，普天之下还有谁不知道您呢。作者借由此句既表现出开阔的胸怀，又展现出与友人之间的真挚情感，于慰藉之中充满信心和力量。

星星之火倏燎原，迅雷不及防掩耳。　　——林占梅《刘将军杀贼歌》

[表达] 字面意思是微小的火种能够迅速蔓延成燎原之势，就像迅雷来得不及掩耳一样突然。后世习惯用星星之火来表示微小的希望。

力量金句

醉里挑灯看剑，梦回吹角连营。

——辛弃疾《破阵子·为陈同甫赋壮词以寄之》

表达 意思是醉梦里挑亮油灯观看宝剑，梦中回到了当年的各个营垒，仿佛听到接连响起的号角声。作者借由此句表达了一种想要保家卫国、冲锋陷阵的豪迈。

瑰材壮志皆可喜，自笑我拙何由攀。 ——曾巩《东轩小饮呈坐中》

表达 意思是优秀的才能和伟大的志向都令人高兴，但自己却自嘲愚笨，不知道如何去达到那样的高度。作者通过这句话强调了人要对自己能力有清醒认识和对更高目标的追求。

惝恍旧游如隔世，蹉跎壮志莫论功。

——张元干《次韵赵元功赠李季言之什》

表达 意思是那些过去的游历仿佛隔了一个时代，岁月匆匆，壮志未酬，不必再提功绩和失败。作者借由此句表达了人无须执着于所谓的成绩，而是要放宽心态去应对生活的种种变化。

壮志郁不用，须有所泄处。 ——白居易《读谢灵运诗》

表达 字面意思是志向被压抑无法施展，必须找到一个途径来发泄和释放。作者看到谢灵运的诗词之后，心里产生了很大的触动，借由此句表达自己拥有同样的心境。当我们内心产生动摇时，也可以借助他人的智慧来给自己指点迷津。

殷勤说忠抱，壮志勿自轻。 ——曹邺《送进士李殷下第游汾河》

[表达] 书面意思是热情地表达忠诚的抱负，不要轻视自己的壮志。作者借由此句表达了即便自己的志向还没有得到实现，也不能轻视它，要继续坚定地走下去。

壮志诚难夺，良辰岂复追。　　——元稹《酬翰林白学士代书一百韵》

[表达] 意思是伟大的志向很难被改变，美好的时光也不可能再回来。作者借由此句表达自己对志向的坚定，即便时光不再，也不会轻易改变。

归来重叹息，壮志未消磨。

——郑国藩《李生归自建业复橐笔应暹罗日报社聘为诗送之》

[表达] 字面意思是归来后不禁重重叹息，但心中的壮志并未被消磨。作者借由此句表达自己志向坚定，即便遭遇重重困境，内心依旧强大。

黄金若粪土，肝胆硬如铁。　　　　——石达开《入川题壁》

[表达] 意思是黄金对我来说如同粪土一般不值钱，而我的肝胆却坚硬如铁。作者通过此句表达了自己意志坚定、内心强大。

何以解忧？唯有杜康。　　　　　　——曹操《短歌行》

[表达] 字面意思是靠什么来排解忧闷？唯有狂饮方可解脱。作者通过这句表达通过畅饮来一醉解千愁，实际上，这句话反而凸显了作者的豪迈和强大。

人生在世不称意，明朝散发弄扁舟。

——李白《宣州谢朓楼饯别校书叔云》

[表达] 意思是人生在世竟然如此不称心如意，还不如明天就披散了头

发，乘一只小舟在江湖之上自在地漂流罢了。后世常用此句来表示自己渴望摆脱烦恼与痛苦，自我放逐到一个自在逍遥的新环境。

相逢意气为君饮，系马高楼垂柳边。　　　　——王维《少年行》

表达 意思是相逢时与朋友意气相投，痛快豪饮，骏马就拴在酒楼下的垂柳边。作者借由此句表达了少年豁达豪迈的性格特点，令人精神振奋。

振衣千仞冈，濯足万里流。　　　　——左思《咏史》

表达 字面意思是在高千仞的山冈上抖掉衣服上的灰尘，在水流万里的江河旁洗去脚上的污垢。作者借由此句表达自己想要远离世俗的愿望，希望在高山上抖掉尘世的烦恼，在江河中洗净心灵的污垢，从而追求一种高洁与豁达的生活境界。

唯大英雄能本色，是真名士自风流。　　　　——洪应明《菜根谭》

表达 只有真正的英雄才能保持其本色，真正的名士自然会表现出风流不羁的气质。作者借由此句强调的是真正的英雄和名士在各种情况下都能保持本色，不矫揉造作，自然洒脱。

双脚踏翻尘世浪，一肩担尽古今愁。　　　　——袁枚《绝命词》

表达 意思是我的双脚能够踢翻尘世的浪涛，我的肩膀能够承担古今所有的忧愁。作者借由此句表达自己心怀天下、勇担大任的胸怀。

直至如今千载后，谁与争功。——王安石《浪淘沙令·伊吕两衰翁》

表达 字面意思是直到几千年后的现在，还有谁能与他们的功绩相争呢？作者借由此句表达了在获得皇帝赏识之后想要大展宏图的心愿，并坚定地认为自己能够实现。

草色人心相与闲，是非名利有无间。　　——杜牧《洛阳长句二首》

表达 意思是我的心境如同路边自生自长的春草一样悠闲自适，尘世间的是非名利对我来说都变得若有若无。

莫言名与利，名利是身仇。　　——杜牧《不寝》

表达 字面意思是不要对我说名与利之类的事情，名利和我有深仇大恨。作者借由此句表达自己淡泊名利的高尚情操，视名利如浮云。

但知行好事，莫要问前程。　　——冯道《天道》

表达 书面意思是只管做好事，不要去考虑未来的结果。作者借由此句劝导人们在生活中专注于眼前的事物，放下功利心态，表现了乐天知命的人生态度。

谁知将相王侯外，别有优游快活人。　　——白居易《快活》

表达 字面意思是谁知道在将相王侯的生活之外，还有另外一种悠闲快乐的生活呢？作者借由这句话表明自己豁达心态和对简单生活的向往。

百年慵里过，万事醉中休。　　——白居易《闲坐》

表达 意思是在懒散中度过了漫长的一百年，对世间万事都抱着无所谓的态度，只想在醉酒中休息。表达了作者豁然的人生态度，万事皆如过眼云烟，唯有在醉意朦胧中，才能找到那份真正的自由与解脱。

力量金句

心静即声淡,其间无古今。　　　　——白居易《船夜援琴》

[表达]意思是当那恬淡自然的声音融入心海,整个世界永恒而美丽,谁知哪里是古、哪里是今。作者借由此句表达了只要内心保持平静,琴声乃至世间万物所发出的声响都会变得淡然悠远,时间凝固,古今之别不复存在。

由来不是求名者,唯待春风看牡丹。　　　　——张祜《京城寓怀》

[表达]意思是我从来都不是为了追求名利而来,只是等待春风吹拂,欣赏盛开的牡丹花。作者借由此句表达了淡泊名利、寄情自然的心境。

莫思身外无穷事,且尽生前有限杯。

——杜甫《绝句漫兴九首·其四》

[表达]意思是不要去想那些身外无穷无尽的烦恼事,还是把握当下,享受眼前有限的欢乐吧。表达了作者通过饮酒来暂时忘却生活中的烦恼,享受当下的美好时光的情怀。

钟鼎山林都是梦,人间宠辱休惊。

——辛弃疾《临江仙·再用前韵,送祐之弟归浮梁》

[表达]无论在朝为官享受荣华富贵(钟鼎象征着权贵),还是退隐山林过着闲适的生活,这一切都如同梦幻般虚幻不实,所以不要为了荣辱得失而惊慌失措。作者借由此句表达自己的心境已经不会再因为外部环境而产生波澜了。

多少长安名利客,机关用尽不如君。　　　　——黄庭坚《牧童诗》

表达 字面意思是长安城内那些追逐名利的人啊，用尽心机也不如你这样清闲自在。作者将牧童和官场里的达官显贵们作对比，表明作者对自由自在的生活态度的赞扬。

不以誉喜，不以毁怒。　　　　　　　　　　——海瑞《令箴》

表达 意思是不会因为别人对自己的赞誉而沾沾自喜，不会因为别人对自己的诋毁而勃然大怒。作者借由此句表达了一种超然的心态，即在面对他人的赞誉或诋毁时，能够保持内心的平静。

放得功名富贵之心下，便可脱凡。　　　——洪应明《菜根谭》

表达 如果一个人能够放下对功名富贵的追求，就能够超脱凡俗，达到一种超然物外的境界。

淡泊以明志，宁静而致远。　　　　　——罗贯中《三国演义》

表达 意思是不追求名利才能使志趣高洁，保持平稳静谧的心态，不为杂念所左右，静思反省，才能树立（实现）远大的目标。作者借由此句表明诸葛亮依靠内心宁静集中精力来修养身心。

不诱于誉，不恐于诽。　　——荀子及其弟子《荀子·非十二子》

表达 字面意思是不被荣誉所诱惑，不为诽谤中伤之言所吓倒。作者借由此句表达君子应坚守内心的价值观，守护内心的世界。

少欲则心静，心静则事简。　　　　　　　——薛宣《读书录》

表达 意思是减少欲望可以使内心平静，内心平静了，事情就会变得简单。作者借由此句警示后辈要保持内心纯净，才能看透事物的本质。

力量金句

欲淡则心虚，心虚则气清，气清则理明。　　——薛宣《读书录》

[表达]意思是私欲淡漠则心无牵挂，心无牵挂则神清气爽，神清气爽则通透事理。这句体现了作者泰然自若、淡然处世的人生态度。

修身以寡欲为要，行己以恭俭为先。　　——胡宏《知言·修身》

[表达]意思是要想修养身心，最重要的是减少个人欲念；在自己的行为方面，首先要做到恭敬待人和生活俭朴。

不以物喜，不以己悲。　　——范仲淹《岳阳楼记》

[表达]意思是不因外物的好坏、自己的得失而或喜或悲。作者借由此句强调内心平静的重要性。

是非不到耳，名利本无心。　　——范仲淹《留题小隐山书室》

[表达]字面意思是人世间的纷争与矛盾传不到我的耳朵里，对金钱、地位等外在的东西，我也没有追求之心。作者借由此句表达对世俗纷扰的厌恶以及对自然之美的向往。

先天下之忧而忧，后天下之乐而乐。　　——范仲淹《岳阳楼记》

[表达]书面意思是为国家分忧时，比别人先，比别人急；享受幸福、快乐时，却让别人先，自己居后。作者借由此句表达了自己以天下为己任的政治抱负。

一杯洗涤无余，万事消磨去远，浮名薄利休羡。

——赵师侠《扑蝴蝶·清和时候》

表达 一杯酒足以洗涤心灵的尘埃，所有的纷扰都已远去，对于那些虚幻的名声和微不足道的利益，不要去羡慕。作者借由此句表达了淡泊名利的高尚情操，也强调了内心安宁才是人生最该追求的心境。

衣沾不足惜，但使愿无违。　　——陶渊明《归园田居·其三》

表达 意思是衣衫被沾湿并不可惜，只愿我不违背归隐心意。作者借由此句表达宁可肉体受苦，也要保持心灵的纯洁，坚决走上了归隐之路，只为了不违背躬耕隐居的理想。

久在樊笼里，复得返自然。　　——陶渊明《归园田居·其一》

表达 字面意思是久困于世俗的牢笼里毫无自由，我今日总算又归返林山。作者借由此句表明了自己向往平淡生活，渴望内心自由的心愿。

不戚戚于贫贱，不汲汲于富贵。　　——陶渊明《五柳先生传》

表达 意思是不为贫贱而忧虑悲伤，不为富贵而匆忙追求。作者借着五柳先生这个人物形象表达了自己不慕荣利的人生态度，刻画出一位拥有美好理想的隐士形象。

腾腾且安乐，悠悠自清闲。　　——寒山《诗三百三首·其二六七》

表达 意思是轻松自在并且安乐，悠然自得并且清闲。作者借由此句描述了隐士在自然环境中获得的心灵平静与快乐。

无为无事人，逍遥实快乐。　　——寒山《诗三百三首·其二四六》

表达 意思是在无为的境界里，我找到了一片宁静的天地，脱离了尘世的束缚，逍遥自在。作者借由此句表达了内心的安宁和快乐不是因为外界的繁华，而是来自内心的平和与满足。

古来多被虚名误，宁负虚名身莫负。

——晏几道《玉楼春·雕鞍好为莺花住》

[表达]自古以来，许多人都为虚名所耽误，我宁愿抛弃虚名，也不愿违背了自己的心志。作者借由此句强调与其被虚名所束缚，不如放弃虚名，保持自己的本真和自由。

一悟寂为乐，此生闲有余。　　　　——王维《饭覆釜山僧》

[表达]意思是一旦领悟到寂静的境界，就会感到无比快乐，这一生都会感到闲适和满足。

兴来每独往，胜事空自知。　　　　——王维《终南别业》

[表达]意思是兴趣浓时常常独来独往去游玩，遇到快乐的事独自欣赏独自陶醉。作者借由此句表达了游景时的勃勃兴致和怡然自得的闲趣。

不以一毫私意自蔽，不以一毫私欲自累。　　——朱熹《中庸章句》

[表达]意思是不会因为一点个人利益就处事不公，分不清是非；不会因为一点私心、私欲而身心疲惫。

且乐杯中物，谁论世上名。　　　　——孟浩然《自洛之越》

[表达]字面意思是姑且享受杯中美酒，为什么要计较世上功名？作者借由此句表达了自己淡泊名利之情操。

人生如逆旅，我亦是行人。　　　——苏轼《临江仙·送钱穆父》

[表达]意思是人生就像一场旅行，每个人都是旅途中的过客。作者借由此句表达了一种豁达的人生态度，即每个人都是人生旅途中的过客，不应为过往伤怀，而应豁达处世。

未成小隐聊中隐，可得长闲胜暂闲。

——苏轼《六月二十七日望湖楼醉书五首》

[表达]字面意思是暂时做不到隐居山林，就先做个闲官吧，这样尚可得到长期的悠闲胜过暂时的休闲。

休对故人思故国，且将新火试新茶，诗酒趁年华。

——苏轼《望江南·超然台作》

[表达]不要在老朋友面前思念故乡了，姑且点上新火来烹煮一杯刚采的新茶，作诗醉酒要趁年华尚在啊。作者表达出一份豁然的心境，不再被尘世间的一切所牵绊，醉情诗酒中。

若无闲事挂心头，便是人间好时节。

——无门慧开禅师《颂平常心是道》

[表达]字面意思是如果心中没有忧愁的闲事需要去烦恼，一年四季都是人间的好时节。作者借由此句强调了心境的重要性，提醒人们保持一颗平常心，放下心中的杂念和烦恼，才能领悟生活的美好。

心似白云常自在，意如流水任东西。　　——《封神演义·第五回》

[表达]心境就像飘浮的云总是自由自在，意念就像流动的水随便往东往

西流去。这句话表达了一种随心所欲、自由自在、无拘无束的心态，赞美了人的内心不被外界事物所干扰，始终保持一种自由、宁静的状态。

一曲高歌一樽酒，一人独钓一江秋。　　——王士祯《题秋江独钓图》

表达 在秋江上独自高声歌唱，喝着一樽酒，独自垂钓。这句诗描绘了一个人在秋天的江面上独自垂钓的场景，表达了诗人逍遥自在、豁达超脱的心境。

不要人夸颜色好，只留清气满乾坤。　　　　——王冕《墨梅》

表达 意思是梅花不需要别人夸奖颜色多么好看，只是要将清香之气弥漫在天地之间。作者借梅花来赞赏不慕虚荣、淡泊名利的高尚品质。

世外不生尘土梦，山中共息水云身。

——倪谦《草堂归隐为大觉住持渶性源澜性海赋》

表达 意思是在世外桃源般的境界中，尘世的烦恼和俗念不会产生；在山中，与水云为伴，心灵得以安宁和超脱。

寻常风月，等闲谈笑，称意即相宜。

——纳兰性德《少年游·算来好景只如斯》

表达 意思是说日常的风景，平凡的谈笑，只要心情愉悦，便是最好的时光。作者借由此句表达了淡泊名利并非拒绝生活的美好，而是懂得在平凡中发现幸福，在简单的快乐中找寻生活的意义。

且将诗酒瞒人眼，出入红尘过几冬。　　——白玉蟾《华阳吟三十首》

表达 姑且用诗歌和美酒来迷惑世人的眼睛，在红尘中来来去去度过几个寒冬。作者借由此句表达诗歌和美酒是自己的避风港，让自己得到片刻的安宁。

一味逍遥不管天，日高丈五尚闲眠。　　——白玉蟾《清贫轩》

表达 意思是只追求逍遥自在，不管世事如何变幻，太阳已经升得很高了，我仍然悠然自得地沉睡。作者借由此句表达自己追求清贫自在的生活态度，不在乎世间的烦琐和变幻，享受着逍遥自在的生活。

且尽樽中渌，高眠听雨风。——苏辙《中秋无月同诸子二首·其二》

表达 字面意思是暂且喝尽杯中的美酒，然后安然入睡，聆听风雨声吧。作者表达了自己决定暂时忘却烦恼，享受生活的心态。

般般放下，事事都休，静对小轩梅竹。

——冯尊师《苏武慢·识破尘寰》

表达 意思是把心里的杂念统统放下，手上的事情都停住，只是静静坐着看窗外的梅竹，享受人生的安宁。

是非不上钓鱼舟，从此闲身得自由。　　　——苏泂《钓鱼》

表达 字面意思是远离是非纷扰，选择在钓鱼的小舟上度过，从此身心得到了自由。这句话表达了诗人对远离是非、追求自由生活的向往和满足。

天宽地大得自由，如此足矣何多求。　　——王炎《薄薄酒》

表达 字面意思是天空广阔，大地辽阔，能够得到自由，这样就足够了，何必再追求更多的东西呢？作者借由此句强调内心的自由和满足比外在的物质追求更为重要，表达了一种豁达大度的人生态度。

识破嚣尘，作个逍遥物外人。　　　——张孝祥《减字木兰花》

[表达]意思是看破了世俗的纷扰和喧嚣，决定做一个自由自在、不受外界事物拘束的人。作者借由此句表达自己看透尘世的喧嚣与浮华，选择成为超脱世俗的逍遥客，不问世事纷扰，享受心灵的超脱与宁静。

枕上有书尊有酒，身外事，更何求。
　　　　　　　　——元好问《江城子·草堂潇潇浙江头》

[表达]字面意思是枕边有书，杯中有酒，世间的俗事我都不关心，还有什么可追求的呢？

洗却平生尘土，慵游万里山川。　　——张炎《风入松·酌惠山水》

[表达]意思是泉水洗净了我一生的尘埃，就不再渴望去游历万水千山。这句诗表达了诗人对自然美景的赞美和对超脱世俗生活的向往。

离了利名场，钻入安乐窝，闲快活！　　——关汉卿《四块玉·闲适》

[表达]意思是远离了名利场，钻进了自己营造的安乐窝，过着悠闲自在的生活。

何劳远去觅天堂，任运安闲，处处是仙乡。　　——尹志平《悟南柯》

[表达]书面意思是何必远行去寻找那虚无缥缈的天堂呢？只要我们能够顺应自然、安闲自在，那么处处都可以成为内心的仙乡。

诗思禅心共竹闲，任他流水向人间。——李嘉祐《题道虔上人竹房》

[表达]意思是诗人的思绪与禅心一同沉浸在宁静的竹林中，任凭流水随意流向人间。作者描绘了一种超然物外、与自然和谐共处的生活状态，传

达出诗人内心的平静与满足，以及对世俗生活的超然态度。

活计安闲，日日风月为真宰，心无挂。

——刘志渊《万年春·活计安闲》

表达 意思是生活恬淡安闲，日日与风月为伴，心里也没有牵挂，生活便多了几分自在与从容。

终日官闲无一事，不妨长醉是游人。　　　　——杜牧《宿长庆寺》

表达 意思是整天官府清闲没有事情可做，不妨长醉做个游人。

但教名利休缰锁，心地何时不是春。

——史浩《鹧鸪天·次韵陆务观贺东归》

表达 意思是只要不再被名利所束缚，内心何时不是春天。这句话强调了淡泊名利的重要性，提倡一种超脱名利的生活态度，认为只有放下外在的束缚，人的内心世界才能达到一种明媚和宁静的状态。

生事且弥漫，愿为持竿叟。　　　　——綦毋潜《春泛若耶溪》

表达 意思是世事何等的纷繁渺茫，不如做一名隐居的钓叟。作者借由此句表达想要归隐山林、寻找内心安宁的愿望。

但有尊中物，从他万事休。　　　　——卢仝《解闷》

表达 字面意思是只要有酒杯中的美酒，其他一切事情都可以放下，不再计较。

人生难得秋前雨，乞我虚堂自在眠。　　——姜夔《平甫见招不欲往》

力量金句

[表达] 意思是人生难得遇到秋前的一场好雨,让我在这空堂里自在地安眠。作者借由此句表达自己感受到了雨后的宁静与安详。雨滋润着大地,也滋润着人的心田。

山中何事,松花酿酒,春水煎茶。——张可久《人月圆·山中书事》

[表达] 山中有什么事呢?用松花酿酒,用春天的山涧水煮茶。作者借由此句表达了清幽淡远的生活态度,甘于平淡,才能过安贫乐道的生活。

须知物外烟霞客,不是尘中磨镜人。

——吕岩《为贾师雄发明古铁镜》

[表达] 意思是要知道那些超脱尘世、寄情山水的人并不是世俗中那些忙于俗务、迷失自我的人。作者借由此句表达自己拥有与世无争的淡泊与从容,想要做一个寄情山水的烟霞客,也是人生的一种乐观态度。

今宵酒醒何处?杨柳岸,晓风残月。——柳永《雨霖铃·寒蝉凄切》

[表达] 字面意思是今晚酒醒后我会身在何处呢?恐怕是在杨柳依依的岸边,面对着凄凉的晨风和残月吧。作者表达出自己在醉酒后感受到了一丝超脱尘世的宁静与安详。

六根清净方成稻,后退原来是向前。 ——契此《插秧歌》

[表达] 插秧时表面上是边插边后退,却是一直向前的。契此和尚是从现实劳动中退步插秧的情境来阐述参禅的境界。

涤虑洗心名利少,闲攀蓼穗兼葭草。

——吴承恩《蝶恋花·烟波万里扁舟小》

表达 在优美的环境里，逐名追利的心情也少了，闲着的时候还可以折一折芦苇。

一觉安眠风浪俏，无荣无辱无烦恼。

——吴承恩《蝶恋花·烟波万里扁舟小》

表达 在波涛汹涌的江面上，小船静静地依靠着船篷，听着潺潺的水声，就像西施的声音一般清脆迷人。在这样的环境里安然熟睡，无忧无虑，乐在其中。

放开怀抱不须焦，万事付之一笑。——冯取洽《西江月·太岁日作》

表达 意思是不要过于焦虑人生中的困难和挑战，保持一颗平常心，微笑面对生活中的一切。

但愿长闲有诗酒，一溪风月共清明。 ——许坚《题扇》

表达 意思是愿我长久地享受这份闲适与自在吧！有诗有酒相伴、一溪风月共赏便是我心中最向往的清明之境。

本来云外寄闲身，遂与溪云作主人。

——陆龟蒙《自遣诗三十首·其十六》

表达 字面意思是我本就应寄身云外、逍遥自在，如今与溪边云彩为伴，成了这方天地的主人。这份宁静与自由让我心生欢喜、流连忘返。

醉里乾坤大，任他高柳清风睡煞。 ——卢挚《沉醉东风·闲居》

表达 意思是醉眼朦胧中，世界都变得特别宽广。任凭高柳清风轻拂面颊，我在这片宁静中酣然入梦，享受这份难得的闲适与自在。

力量金句

凭高落落生壮怀，万里一片青山来。　　——郝经《晓登昆阳故城》

表达 书面意思是站在高处，心胸开阔，豪情壮志油然而生，仿佛可以看到万里之外的青山。作者借由一片青山表达自己开阔的胸怀。

事了拂衣去，深藏身与名。　　　　　——李白《侠客行》

表达 表面意思是事情结束之后，侠客拂衣而去，不露一点声色，深藏身名。作者借由此句表达了那些侠士们不在意虚无的功名，自己深感钦佩。

天生我材必有用，千金散尽还复来。　　——李白《将进酒》

表达 书面意思是天造就了我成材必定会有用，即便散尽了黄金也还会再得到。作者当时正处在仕途低谷，看透人生，表达了越是经历打压越要及时行乐、豪放自在。

天清江月白，心静海鸥知。　　——李白《赠汉阳辅录事二首》

表达 当天空清澈时，江面上的月亮显得格外明亮；当人心平静时，海鸥也能感知到这种宁静。

后　记

　　撇是人的筋骨，捺是人的脊梁，文字的力量，不仅在于一撇一捺方成人，更在于从古至今流传下来的佳句，是所有中国人的心灵港湾。

　　这里有被纷扰所困之后的豁然开朗，放下心里的包袱，再度起航，去迎接挑战，坚持梦想。

　　这里有被强权压迫后的奋起抵抗，中国人骨子里的血性让我们绝不轻言失败，在哪里跌倒就要在哪里站起来，坚定地守护着自己的抱负。

　　这里有面对挑战时的一往无前，即便历尽千辛万苦，也要抵达心中的彼岸，这是中国文化中的浪漫情怀。

　　这里有勇于拼搏的奋斗精神，中国上下五千年的历史，就是一代又一代人，一步又一步拼搏奋进的步伐。

　　这里有劝人勤奋好学的谆谆教诲，是无数前辈智慧的结晶，站在巨人的肩膀上，我们伸手就能碰到天。

　　这里有永不言败的自强不息，中国人都懂得，不经历风雨怎能见彩虹，所以我们要用双手创造属于自己的天空。

　　这里有内心寄托的安宁与闲适，有人寄情山水，有人享受人间三情，

力量金句

有人闲云野鹤，有人不忘初心。

文字的力量，是隐形的，却是无穷无尽的。我们都曾经因为某一句诗歌而潸然泪下，也曾因为某一佳句而拥有再次战斗的勇气和决心。

别气馁，别失望，更别放弃自己，如果累了、乏了、倦了，不如给自己打造一个诗歌的空间，沉浸于此，汲取文字的力量。